21世纪高等学校计算机教育实用规划教材

Access 2010
数据库原理及应用
实验指导

邵芬红　李　珊　主　编
史迎春　刘利平　副主编

清华大学出版社
北京

内 容 简 介

本书是与主教材《Access 2010 数据库原理及应用》配套的教学参考书。以 Access 2010 为实践平台，全书共分为 4 部分，第 1 部分为上机实验，第 2 部分为综合实验，第 3 部分为全国计算机等级考试 Access 二级考试专项练习，第 4 部分为二级考试专项练习选择题及主教材课后习题答案。

本书所有上机练习内容都经过精心设计、反复推敲，内容丰富、易学。本书既可作为初学者学习 Access 2010 的参考书，也可供社会各类计算机应用人员和参加各类计算机等级考试的读者参考。

图书在版编目(CIP)数据

Access 2010 数据库原理及应用实验指导/邵芬红,李珊等主编. —北京：清华大学出版社,2019(2019.10重印)
(21 世纪高等学校计算机教育实用规划教材)
ISBN 978-7-302-52028-3

Ⅰ. ①A… Ⅱ. ①邵… ②李… Ⅲ. ①关系数据库系统—高等学校—教材 Ⅳ. ①TP311.138

中国版本图书馆 CIP 数据核字(2018)第 303353 号

责任编辑：闫红梅
封面设计：常雪影
责任校对：梁 毅
责任印制：杨 艳

出版发行：清华大学出版社
　　　网　　址：http://www.tup.com.cn, http://www.wqbook.com
　　　地　　址：北京清华大学学研大厦 A 座　　　　　　邮　　编：100084
　　　社 总 机：010-62770175　　　　　　　　　　　　邮　　购：010-62786544
　　　投稿与读者服务：010-62776969, c-service@tup.tsinghua.edu.cn
　　　质量反馈：010-62772015, zhiliang@tup.tsinghua.edu.cn
　　　课件下载：http://www.tup.com.cn,010-62795954
印 装 者：三河市金元印装有限公司
经　　销：全国新华书店
开　　本：185mm×260mm　　印　张：11.75　　　　　字　　数：286 千字
版　　次：2019 年 2 月第 1 版　　　　　　　　　　　印　　次：2019 年 10 月第 2 次印刷
印　　数：1501～2500
定　　价：39.00 元

产品编号：079775-01

出 版 说 明

随着我国高等教育规模的扩大以及产业结构调整的进一步完善,社会对高层次应用型人才的需求将更加迫切。各地高校紧密结合地方经济建设发展需要,科学运用市场调节机制,合理调整和配置教育资源,在改革和改造传统学科专业的基础上,加强工程型和应用型学科专业建设,积极设置主要面向地方支柱产业、高新技术产业、服务业的工程型和应用型学科专业,积极为地方经济建设输送各类应用型人才。各高校加大了使用信息科学等现代科学技术提升、改造传统学科专业的力度,从而实现传统学科专业向工程型和应用型学科专业的发展与转变。在发挥传统学科专业师资力量强、办学经验丰富、教学资源充裕等优势的同时,不断更新教学内容、改革课程体系,使工程型和应用型学科专业教育与经济建设相适应。计算机课程教学在从传统学科向工程型和应用型学科转变中起着至关重要的作用,工程型和应用型学科专业中的计算机课程设置、内容体系和教学手段及方法等也具有不同于传统学科的鲜明特点。

为了配合高校工程型和应用型学科专业的建设和发展,急需出版一批内容新、体系新、方法新、手段新的高水平计算机课程教材。目前,工程型和应用型学科专业计算机课程教材的建设工作仍滞后于教学改革的实践,如现有的计算机教材中有不少内容陈旧(依然用传统专业计算机教材代替工程型和应用型学科专业教材),重理论、轻实践,不能满足新的教学计划、课程设置的需要;一些课程的教材可供选择的品种太少;一些基础课的教材虽然品种较多,但低水平重复严重;有些教材内容庞杂,书越编越厚;专业课教材、教学辅助教材及教学参考书短缺,等等,都不利于学生能力的提高和素质的培养。为此,在教育部相关教学指导委员会专家的指导和建议下,清华大学出版社组织出版本系列教材,以满足工程型和应用型学科专业计算机课程教学的需要。本系列教材在规划过程中体现了如下一些基本原则和特点。

(1) 面向工程型与应用型学科专业,强调计算机在各专业中的应用。教材内容坚持基本理论适度,反映基本理论和原理的综合应用,强调实践和应用环节。

(2) 反映教学需要,促进教学发展。教材规划以新的工程型和应用型专业目录为依据。教材要适应多样化的教学需要,正确把握教学内容和课程体系的改革方向,在选择教材内容和编写体系时注意体现素质教育、创新能力与实践能力的培养,为学生知识、能力、素质协调发展创造条件。

(3) 实施精品战略,突出重点,保证质量。规划教材建设仍然把重点放在公共基础课和专业基础课的教材建设上;特别注意选择并安排一部分原来基础比较好的优秀教材或讲义修订再版,逐步形成精品教材;提倡并鼓励编写体现工程型和应用型专业教学内容和课程体系改革成果的教材。

Ⅱ

(4) 主张一纲多本,合理配套。基础课和专业基础课教材要配套,同一门课程可以有多本具有不同内容特点的教材。处理好教材统一性与多样化,基本教材与辅助教材,教学参考书,文字教材与软件教材的关系,实现教材系列资源配套。

(5) 依靠专家,择优选用。在制订教材规划时要依靠各课程专家在调查研究本课程教材建设现状的基础上提出规划选题。在落实主编人选时,要引入竞争机制,通过申报、评审确定主编。书稿完成后要认真实行审稿程序,确保出书质量。

繁荣教材出版事业,提高教材质量的关键是教师。建立一支高水平的以老带新的教材编写队伍才能保证教材的编写质量和建设力度,希望有志于教材建设的教师能够加入到我们的编写队伍中来。

21 世纪高等学校计算机教育实用规划教材编委会

联系人:魏江江 weijj@tup. tsinghua. edu. cn

前　言

　　本书是与主教材《Access 2010 数据库原理及应用》(ISBN 9787302513940)配套的教学参考书。全书共分 4 部分：第 1 部分为上机实验，共 7 章，每章包括多个实验，每个实验详细介绍了实验目的、实验步骤；第 2 部分为综合实验，每个实验都是从表到报表的练习，形成完整的实验练习过程，有助于读者巩固所学内容；第 3 部分围绕全国计算机等级考试Access 二级考试的要求，编写了专项练习题，包括选择题和操作题的训练及模拟，旨在帮助读者通过习题练习，复习掌握课程内容，达到强化、巩固和提高的目的，同时熟悉全国计算机等级考试的试题类型；第 4 部分为二级考试专项练习选择题及主教材的课后习题答案。

　　本书内容丰富、简单易学，既可作为初学者学习 Access 2010 数据库系统的参考书，也可供社会各类计算机应用人员与参加各类计算机等级考试的读者阅读参考。

　　本书由邵芬红、李珊任主编，史迎春、刘利平任副主编。其中，第 1 部分上机实验第 1章、第 4 章由李珊编写，第 2 章、第 5 章由邵芬红编写，第 3 章由史迎春编写，第 6 章、第 7 章由刘利平编写；第 2 部分综合实验由邵芬红、刘伟编写；第 3 部分全国计算机等级考试Access 二级考试专项练习由郝红军编写；第 4 部分答案由李珊汇总编排。另外，燕京理工学院信息科学与技术学院耿子林院长、李丽芬副院长、朱雷党总支书记和教务处对本书的编写给予了很大的支持与帮助，在此向他们表示衷心的感谢。

　　由于编者水平有限，书中难免存在疏漏和不妥之处，敬请读者提出宝贵意见。

编　者

2018 年 10 月

目 录

第 1 部分 上 机 实 验

第1部分　上机实验

第1章 创建和设置数据库

实验 1-1 认识并熟悉 Access 2010 操作环境

一、实验目的

1. 熟悉启动和退出 Access 2010 软件；
2. 学习使用 Access 2010 操作环境。

二、实验任务及步骤

任务：启动和熟悉 Access 2010 操作环境，退出 Access 2010。

操作步骤：

(1) 启动 Access 2010。安装 Office 2010 后，就会在系统的"开始"菜单的"所有程序"子菜单中创建 Microsoft Office 文件夹。打开文件夹，单击 Microsoft Access 2010 命令就可以启动 Access 2010。启动后的 Access 2010 界面如图 1-1 所示。

(2) 启动 Access 2010 后，默认打开"文件"选项卡，并已选择"新建"命令，可以按照后面实验里介绍的内容新建数据库。也可以单击"文件"选项卡中的"打开"按钮，打开已经存在的数据库。单击菜单选项卡中的不同菜单项打开不同的选项卡，菜单项会根据具体操作增加或减少选项卡。

(3) 退出 Access 2010。单击"文件"选项卡下的"退出"按钮，退出 Access 2010，或直接单击 Access 2010 窗口右上角的"关闭"按钮 ██ × ██ 。

三、学生操作训练

任务：启动 Access 2010，并打开一个已经存在的数据库。

四、注意事项

执行"打开已经存在的数据库"操作时，数据库已经存在于硬盘的某个位置，要准确地找到要打开的数据库。

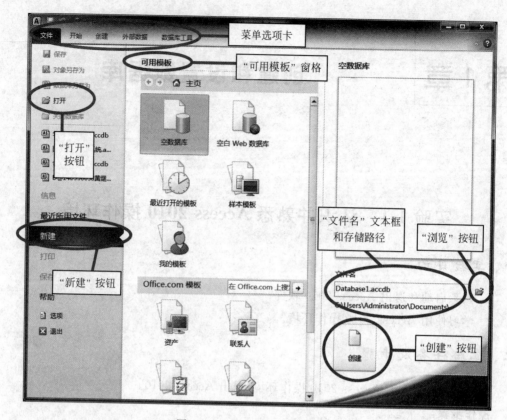

图 1-1　Access 2010 启动界面

实验 1-2　创建数据库

一、实验目的

1. 掌握创建空数据库的过程；
2. 掌握使用模板创建数据库的过程。

二、实验任务及步骤

任务 1：创建空数据库，建立"教务管理.accdb"数据库，并将建好的数据库文件保存在"E:\实验一"文件夹中。

操作步骤：

(1) 在 Access 2010 启动界面中，在"可用模板"窗格中，单击"空数据库"，在右侧窗格的"文件名"文本框中，给出一个默认的文件名 Database1.accdb，把它修改为"教务管理.accdb"。

(2) 单击"浏览"按钮 📂，在打开的"文件新建数据库"对话框中，选择数据库的保存位置"E:\实验一"文件夹。若不存在此文件夹，可以在 E 盘根目录下新建"实验一"文件夹，单击"确定"按钮，如图 1-2 所示。

(3) 返回 Access 启动界面，显示将要创建的数据库的名称和保存位置，如果用户未提

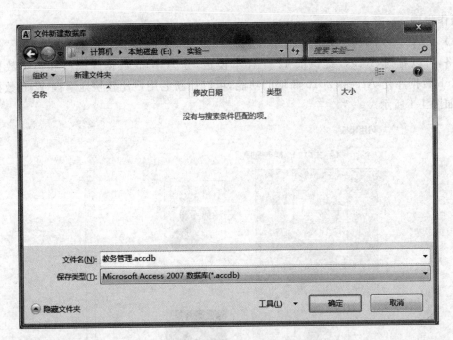

图 1-2 "文件新建数据库"对话框

供文件扩展名,Access 将自动添加。

　　(4) 在右侧窗格下面,单击如图 1-1 所示的"创建"按钮。

　　(5) 系统自动创建一个名称为"表 1"的数据表,并以数据表视图方式打开"表 1",在左侧的"导航"窗格中可以看到"表 1"对象,如图 1-3 所示。

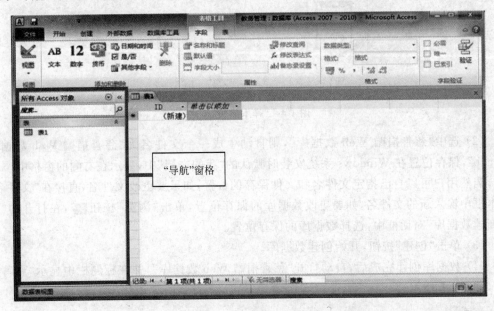

图 1-3 新建"表 1"

　　任务 2:使用模板创建数据库,创建"慈善捐赠 Web 数据库.accdb"数据库,保存在"E:\实验一"文件夹中。

操作步骤：

（1）在 Access 2010 启动界面中，在"可用模板"窗格中，单击"样本模板"，打开"样本模板"窗格，可以看到 Access 提供的 12 个样本模板，分为 Web 数据库模板和传统数据库模板。Web 数据库是 Access 2010 新增的功能，可以让新老用户比较快地掌握 Web 数据库的创建，如图 1-4 所示。

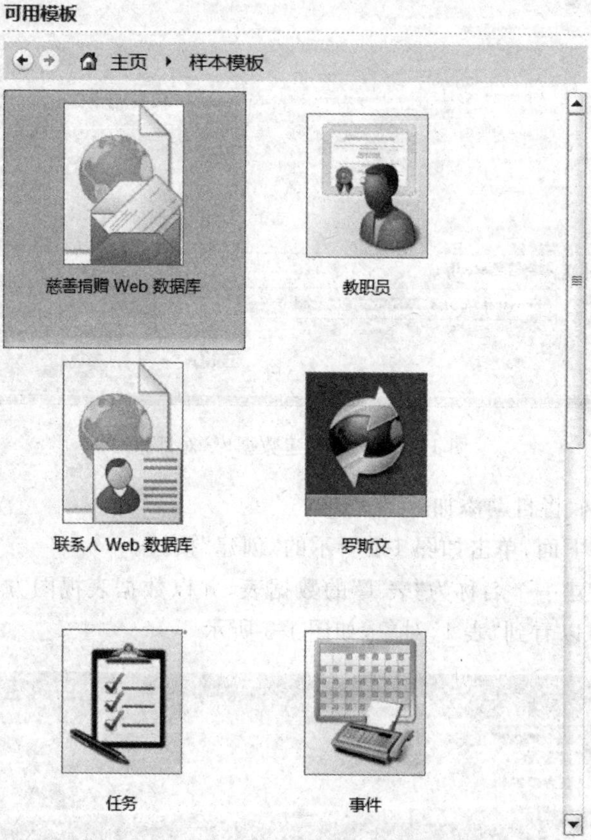

图 1-4 "样本模板"窗格

（2）选中"慈善捐赠 Web 数据库"，则自动生成一个文件名为"慈善捐赠 Web 数据库.accdb"，保存位置在 Windows 系统安装时默认的"我的文档"中，显示在右侧的窗格中。

当然用户可以自己指定文件名和文件保存的位置，如果要更改文件名，直接在"文件名"文本框中输入新的文件名，如要更改数据库的保存位置，单击"浏览"按钮 📂，在打开的"文件新建数据库"对话框中，选择数据库的保存位置。

（3）单击"创建"按钮，开始创建数据库。

（4）数据库创建完成后，自动打开"慈善捐赠 Web 数据库"，并在标题栏中显示"慈善捐赠"，如图 1-5 所示。

三、学生操作训练

任务 1：通过创建空数据库的方式，在"E:\实验一"文件夹中创建一个名为"学生信息管理"的数据库。

图 1-5 慈善捐赠 Web 数据库

任务 2：利用模板创建一个名为"联系人 Web 数据库"的数据库。

四、注意事项

1. "文件"选项卡下的"打开"按钮和"文件名"文本框右侧的"浏览"按钮图标一样，要注意区分。

2. 利用模板建立的 Web 数据库还提供了配置数据库和使用数据库教程的链接。如果计算机已经联网，则单击▶按钮，就可以播放相关教程。

实验 1-3　对数据库加密并解密

一、实验目的

掌握数据库的加密和解密方法。

二、实验任务及步骤

任务 1：将实验 1-2 中创建的"教务管理.accdb"数据库加密。

操作步骤：

（1）启动 Access 2010，单击启动界面的"文件"选项卡中的"打开"按钮，弹出"打开"对话框，选择要打开的"教务管理.accdb"数据库的位置，单击"打开"按钮右侧的三角▼，在弹

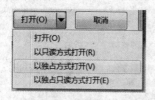

图 1-6　数据库打开方式

出的下拉列表框中，选择"以独占方式打开"，如图 1-6 所示。

（2）打开数据库后，单击"文件"选项卡中的"信息"按钮，在"信息"窗格中单击"用密码进行加密"按钮，如图 1-7 所示。

（3）弹出"设置数据库密码"对话框，在"密码"文本框中输入密码，在"验证"文本框中再输入一次同样的密码，单击"确定"按钮，如图 1-8 所示，弹出如图 1-9 所示的对话框，单击"确定"按钮。

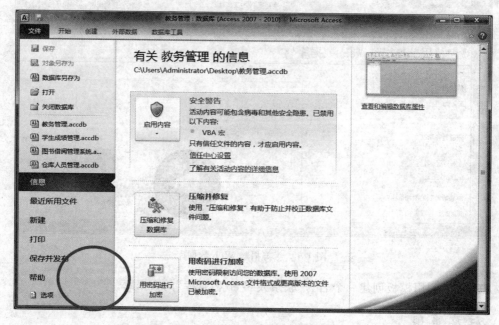

图 1-7　加密时的信息窗格

图 1-8　"设置数据库密码"对话框

图 1-9　消息提示对话框

（4）设置密码后，双击打开数据库时，会弹出"要求输入密码"对话框，输入在上一步骤中设置的密码，即可打开数据库，如图 1-10 所示。

任务 2：将已加密的"教务管理.accdb"数据库解密。

操作步骤：

（1）重复任务 1 中的步骤（1），以独占方式打开"教务管理.accdb"数据库。弹出"要求输入密码"对话框后，输入密码，单击"确定"按钮。

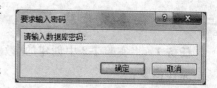

图 1-10　"要求输入密码"对话框

（2）打开数据库后，单击"文件"选项卡中的"信息"按钮，在"信息"窗格中单击"解密数据库"按钮，如图 1-11 所示。

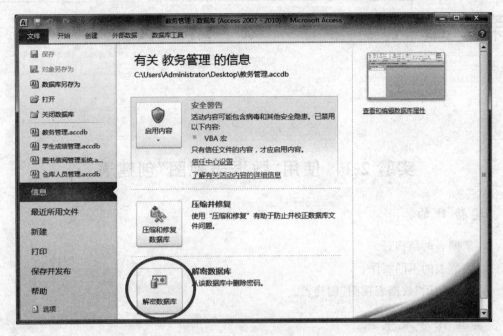

图 1-11 解密时的信息窗格

（3）弹出"撤消数据库密码"对话框，在"密码"文本框中输入密码，即可对数据库进行解密，如图 1-12 所示。

三、学生操作训练

任务：对实验 1-2 创建的"慈善捐赠 Web 数据库"进行加密、解密操作。

图 1-12 "撤消数据库密码"对话框

四、注意事项

对要进行加密或解密的数据库要以"独占"方式打开。

第2章　数　据　表

实验 2-1　使用"数据表视图"创建表

一、实验目的

1. 掌握表的结构；
2. 熟悉表的不同视图；
3. 掌握使用"数据表视图"创建表。

二、实验任务及步骤

任务：在"E:\实验一"目录下，建立名为"教务管理.accdb"的空数据库，在该数据库中使用表"数据表视图"方式创建名为"课程表"的数据表，结构要求如表 2-1 所示。

表 2-1　"课程表"结构

字 段 名 称	数 据 类 型	说　　明	字 段 大 小
编号	自动编号	主键	长整型
课程编号	数字		整型
上课时间天	数字		整型
上课时间节	数字		整型
上课地点	文本		30

操作步骤：

(1) 打开 Microsoft Access 2010，在 Access 2010 启动窗口中，在中间窗格的上方，单击"空数据库"，在右侧窗格的"文件名"文本框中，给出一个默认的文件名 Database1.accdb。把它修改为"教务管理.accdb"，如图 2-1 所示。

(2) 单击 📂 按钮，在打开的"文件新建数据库"对话框中，选择数据库的保存位置在"E:\实验一"文件夹中，单击"确定"按钮，如图 2-2 所示。

(3) 这时返回到 Access 启动界面，显示将要创建的数据库的名称和保存位置，如果用户未提供文件扩展名，Access 将自动添加上。

(4) 在右侧窗格下面，单击"创建"命令按钮，如图 2-1 所示。

(5) 这时开始创建空白数据库，自动创建了一个名称为"表 1"的数据表，并以数据表视

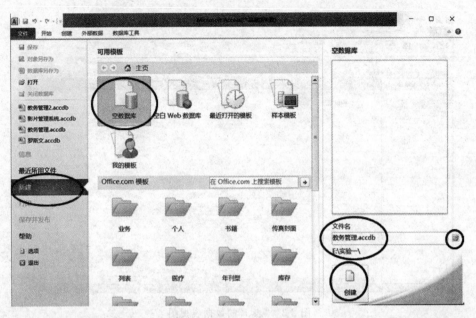

图 2-1   创建"教务管理"数据库

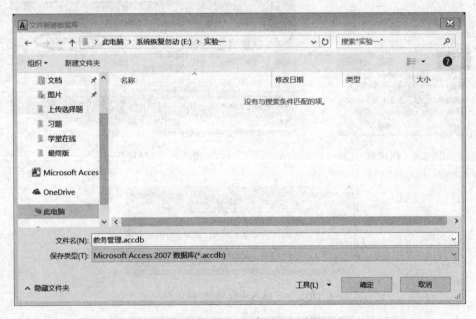

图 2-2   "文件新建数据库"对话框

图方式打开这个"表 1",如图 2-3 所示(如果关闭了"表 1"的数据表视图,可以在功能区"创建"选项卡的"表格"组中,单击"表"按钮,打开一个新表,如图 2-4 所示)。

（6）选中 ID 字段,在"表格工具/字段"选项卡中的"属性"组中,单击"名称和标题"按钮,如图 2-5 所示。

（7）打开了"输入字段属性"对话框,在"名称"文本框中,输入"编号",如图 2-6 所示。

（8）选中"编号"字段列,在"表格工具/字段"选项卡的"格式"组中,把"数据类型"设置为"自动编号",如图 2-7 所示。

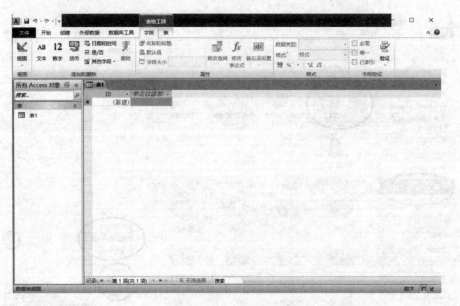

图 2-3 "表 1"的数据表视图

图 2-4 创建表

图 2-5 字段属性组

图 2-6 "输入字段属性"对话框

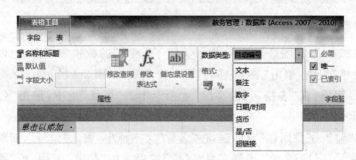

图 2-7 数据类型设置

（9）单击"单击以添加"，选择数据类型"数字"，如图 2-8 所示。将"字段 1"改为"课程编号"。

图 2-8　添加新字段

（10）以同样方法，按表 2-1"课程表"结构的属性所示，依次定义表的其他字段。

（11）在"快速访问"工具栏中，单击"保存"按钮 。输入表名"课程表"，单击"确定"按钮。

三、学生操作训练

任务：在"教务管理.accdb"数据库中，使用表"数据表视图"方式创建名为"课程信息表"的数据表，结构要求如表 2-2 所示。

表 2-2　"课程信息表"结构

字 段 名 称	数 据 类 型	说　　明	字 段 大 小
课程编号	数字	主键	整型
课程名称	文本		30
课程简称	文本		14
拼音码	文本		14
本学期课程	是/否		是/否
教师	文本		8
开课系别	文本		20
学分	数字		整型

四、注意事项

1. ID 字段默认数据类型为"自动编号"并且默认为主键。用户添加新的数据类型也可以在"表格工具/字段"选项卡的"添加和删除"组中单击相应的数据类型按钮，如图 2-9 所示。

图 2-9　"添加和删除"数据类型组

2. 如果需要修改数据类型,以及对字段的属性进行其他设置,最好的方法是在表设计视图中进行,这部分内容将在实验 2-2 中进行讲解。

实验 2-2 使用"设计视图"创建数据表

一、实验目的

1. 掌握使用表"设计视图"创建数据表的方法;
2. 了解使用"数据表视图"创建表和使用"设计视图"创建表之间的区别。

二、实验任务及步骤

任务:在"教务管理.accdb"数据库中,使用表"设计视图"方式创建名为"班级信息表"的数据表,结构要求如表 2-3 所示。

表 2-3 "班级信息表"结构

字 段 名 称	数 据 类 型	说　　明	字 段 大 小
班级编号	文本	主键	14
年级	文本		4
班级名称	文本		15
班级简称	文本		10
人数	数字		整型
班主任	文本		8

操作步骤:

(1) 打开"教务管理.accdb"数据库。

(2) 在功能区上的"创建"选项卡的"表格"组中,单击"表设计"按钮,打开一个新表的设计视图,如图 2-10 所示。

(3) 按表 2-3"班级信息表"的结构内容,在"字段名称"列输入字段名称,在"数据类型"列中选择相应的数据类型,在"常规"属性窗格中设置字段大小,如图 2-11 所示。

(4) 单击"保存"按钮,以"班级信息表"为名称保存该表,会弹出"尚未定义主键"对话框,如图 2-12 所示。此时若单击"是"按钮,系统会自动增加一个 ID 字段作为该表的主键,如需要自己定义主键,则单击"否"按钮。

(5) 选中"班级编号"字段,单击"表格工具/设计"选项卡下"工具"组中的"主键"按钮，即可将"班级编号"设置为该表的主键。

三、学生操作训练

任务:在"教务管理.accdb"数据库中,使用表"设计视图"方式创建名为"成绩表"的数据表,结构要求如表 2-4 所示。

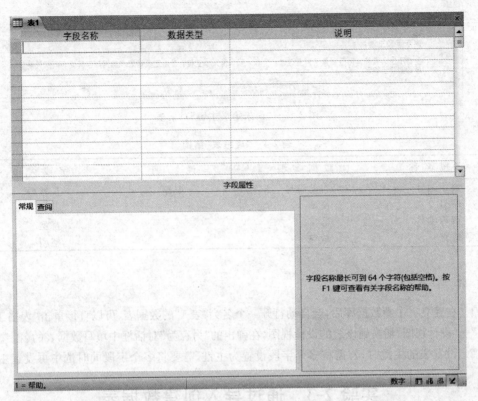

图 2-10 表 1 设计视图

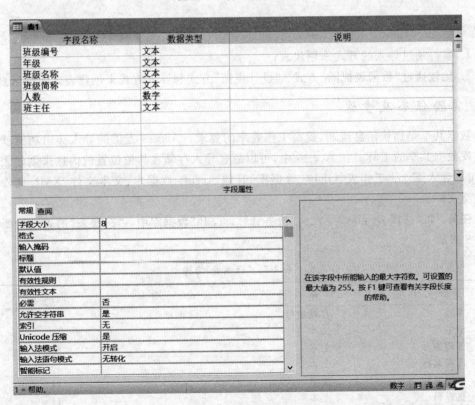

图 2-11 "设计视图"窗口

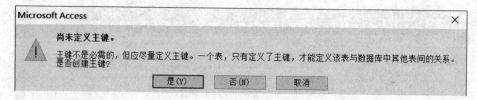

图 2-12 "尚未定义主键"对话框

表 2-4 "成绩表"结构

字 段 名 称	数 据 类 型	说　　明	字 段 大 小
成绩编号	自动编号	主键	长整型
学号	文本		15
课程编号	数字		整型
成绩	数字		整型

四、注意事项

1. 在建立一个新数据库后，会自动打开一个名为"表 1"的数据表，可以直接单击"表格工具/视图"→"设计视图"切换到该表的设计视图，在弹出的"另存为"对话框中填写数据表的名字。

2. 设置表的主键时，若需将多个字段设置为主键，需要将多个字段同时选中再设置主键。

实验 2-3　通过导入创建数据表

一、实验目的

1. 掌握通过导入的方式来创建表；
2. 比较通过"数据表视图"方式、"设计视图"方式和导入方式来创建表之间的区别。

二、实验任务及步骤

数据共享是加快信息流通，提高工作效率的要求。Access 提供的导入导出功能就是用来实现数据共享的工具。在 Access 中，可以通过导入存储在其他位置的信息来创建表。例如，可以导入 Excel 工作表、ODBC 数据库、其他 Access 数据库、文本文件、XML 文件及其他类型文件。

任务：将"选课表.xlsx"导入到"教务管理.accdb"数据库中，"选课表"的表结构要求如表 2-5 所示。

表 2-5 "选课表"结构

字 段 名 称	数 据 类 型	说　　明	字 段 大 小
编号	自动编号	主键	长整型
学号	文本		15
课程编号	数字		整型
课程名称	文本		30
课程简称	文本		14
拼音码	文本		14

字 段 名 称	数据类型	说　明	字段大小
本学期课程	是/否		是/否
上课时间天	数字		整型
上课时间节	数字		整型
上课地点	文本		30
教师	文本		8
开课系别	文本		20
学分	数字		整型

操作步骤：

（1）打开"教务管理"数据库，在功能区选中"外部数据"选项卡，在"导入并链接"组中，单击 Excel，如图 2-13 所示。

图 2-13　"外部数据"选项卡"导入并链接"组

（2）在打开的"获取外部数据"对话框中，单击"浏览"按钮，将"打开"对话框中的"查找范围"定位为外部文件所在文件夹，选中导入数据源文件"选课表. xlsx"，单击"打开"按钮，返回到"获取外部数据"对话框，在下面的"指定数据在当前数据库中的存储方式和存储位置"中选择第一项——"将源数据导入当前数据库的新表中"，单击"确定"按钮，如图 2-14 所示。

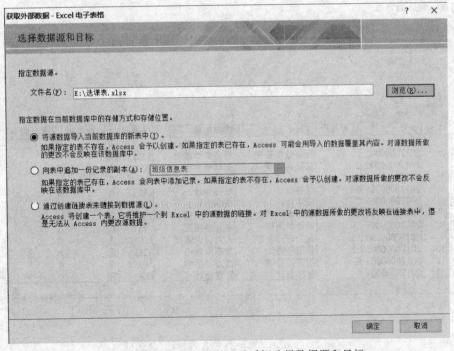

图 2-14　在"获取外部数据"对话框选择数据源和目标

（3）在打开的"导入数据表向导"对话框中选择需要导入的表，单击"下一步"按钮，如图 2-15 所示。

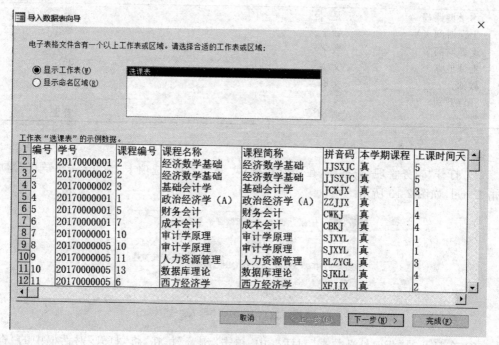

图 2-15   "导入数据表向导"对话框

（4）在打开的"请确定指定的第一行是否包含列标题"对话框中，选中"第一行包含列标题"复选框，然后单击"下一步"按钮，如图 2-16 所示。

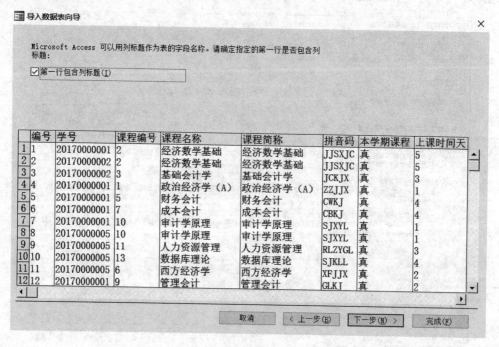

图 2-16   选中"第一行包含列标题"复选框

（5）在打开的指定导入每一字段信息对话框中，指定"编号"的数据类型为"长整型"，索引项为"有（无重复）"，然后依次选择其他字段，设置"课程编号""上课时间天""上课时间节"和"学分"的数据类型为"整型"，其他为默认。单击"下一步"按钮。如图 2-17 所示。

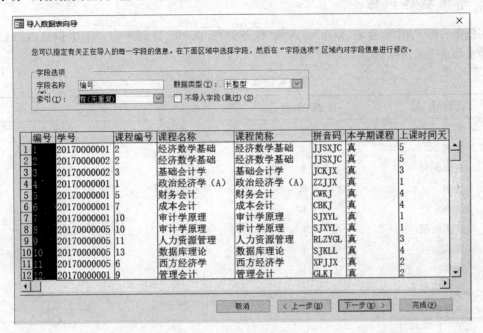

图 2-17　字段选项设置

（6）在打开的定义主键对话框中，选中"我自己选择主键"，Access 自动选定"编号"，然后单击"下一步"按钮，如图 2-18 所示。

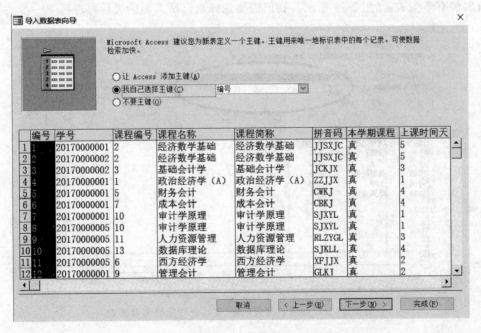

图 2-18　主键设置

(7) 在打开的"制定表的名称"对话框中,在"导入到表"文本框中输入"课程表",单击"完成"按钮。到此完成使用导入方法创建表。

三、学生操作训练

任务:将"学生信息表.xlsx"导入到"教务管理.accdb"数据库中,"学生信息表"的表结构要求如表 2-6 所示。

表 2-6 "学生信息表"结构

字 段 名 称	数 据 类 型	说 明	字 段 大 小
学号	文本	主键	14
姓名	文本		8
班级编号	文本		14
性别	文本		4
年级	文本		4
政治面貌	文本		8
民族	文本		12
籍贯	文本		8
身份证号	文本		19
学籍编号	文本		14

四、注意事项

一个 Excel 文件有时候能包含多张数据表,在第(3)步打开的"导入数据表向导"对话框中有时候有多张表,如图 2-19 所示。我们需要选择自己所需要的表后再进行下一步。

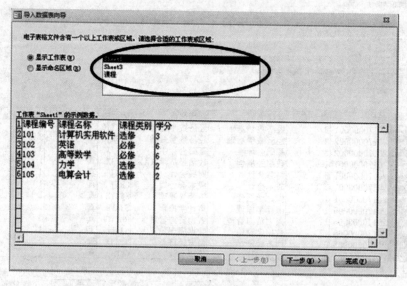

图 2-19 在"导入数据表向导"对话框中选择需要的表

实验 2-4　设置字段属性

一、实验目的

1. 掌握 Access 中设置表中字段属性的方法；
2. 重点掌握输入掩码、有效性规则和查阅属性的设置方法。

二、实验任务及步骤

任务 1：

- 将"班级信息表"中的"班级编号"字段索引设置为"有（无重复）"；
- 定义"年级"字段的输入掩码属性，要求只能输入 4 位数字，并只能以"20"开头；
- 设置"人数"字段，默认值设为 0，取值在 10～50 之间，如超出范围提示"请输入 10～50 之间的数据！"。

操作步骤：

（1）打开"教务管理.accdb"，双击"班级信息表"，打开"班级信息表"的"数据表视图"，依次选择"开始"选项卡→"视图"→"设计视图"，如图 2-20 所示。

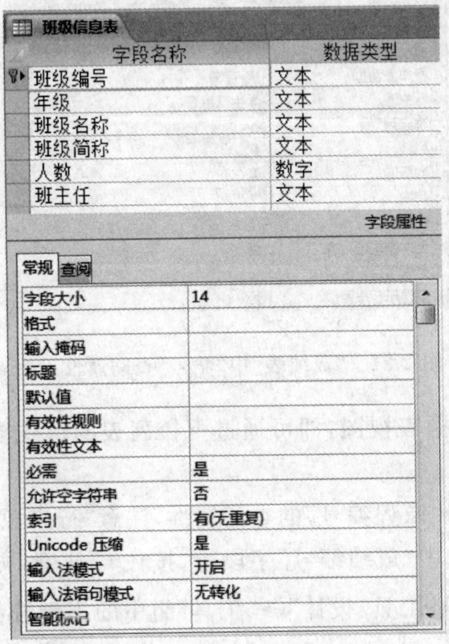

图 2-20　"班级信息表"设计视图

（2）选中"班级编号"字段行，在"索引"属性下拉列表框中选择"有（无重复）"。

（3）选中"年级"字段名称，在"输入掩码"属性框中输入"20"00 或者\2\000。

（4）选中"人数"字段行，在"默认值"属性框中输入 0，在"有效性规则"属性框中输入"＞＝10 And ＜＝50"，在"有效性文本"属性框中输入文字"请输入 10～50 之间的数据！"

（5）单击快速工具栏上的"保存"按钮，保存"班级信息表"。

任务 2：

- 设置"成绩表"中的"学号"字段的查阅属性，要求用下拉列表的形式来输入和修改"学号"；
- 同样设置"课程编号"字段的查阅属性，要求用下拉列表的形式来输入和修改"课程编号"。
- 设置"成绩编号""学号""课程编号"字段同为主键。

操作步骤：

（1）打开"教务管理.accdb"，双击"成绩表"，打开"成绩表"的"数据表视图"，依次选择"开始"选项卡→"视图"→"设计视图"。

（2）选中"学号"字段，切换属性设置区到"查阅"选项卡，单击"显示控件"属性的下三角按钮，选择"列表框"选项。

（3）设置"行来源类型"为"表/查询"、"行来源"为"学生信息表"，如图 2-21 所示。

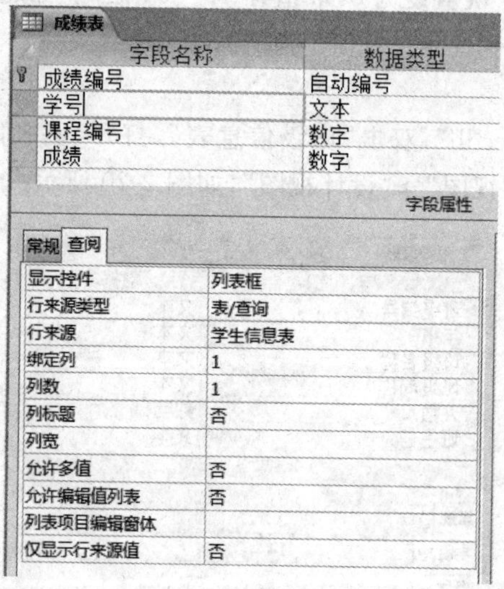

图 2-21　"成绩表"中"学号"查阅属性设置

（4）保存后，切换到数据表视图，即可通过下拉列表的形式输入或修改"学号"字段，如图 2-22 所示。

（5）用同样的方法设置"课程编号"的查阅属性，注意"行来源"设置为"课程信息表"。

（6）在"设计视图"中选中"成绩编号"字段行，按住 Ctrl 键，再分别选中"学号"和"课程编号"字段行，依次单击"表格工具/设计"→"工具"组中的主键按钮 ![主键] 即可同时为多个字段设置主键。

三、学生操作训练

任务 1：将"课程表"中的"课程编号"字段的查阅属性设为用下拉列表的形式来输入和修改"课程编号"；将"上课时间天"的默认值设为 0，取值范围为 1～5，如超出范围提示"请输入 1～5 之间的数据！"。

任务 2：将"学生信息表"中的"性别"字段的"字段大小"重新设置为 1，默认值设为

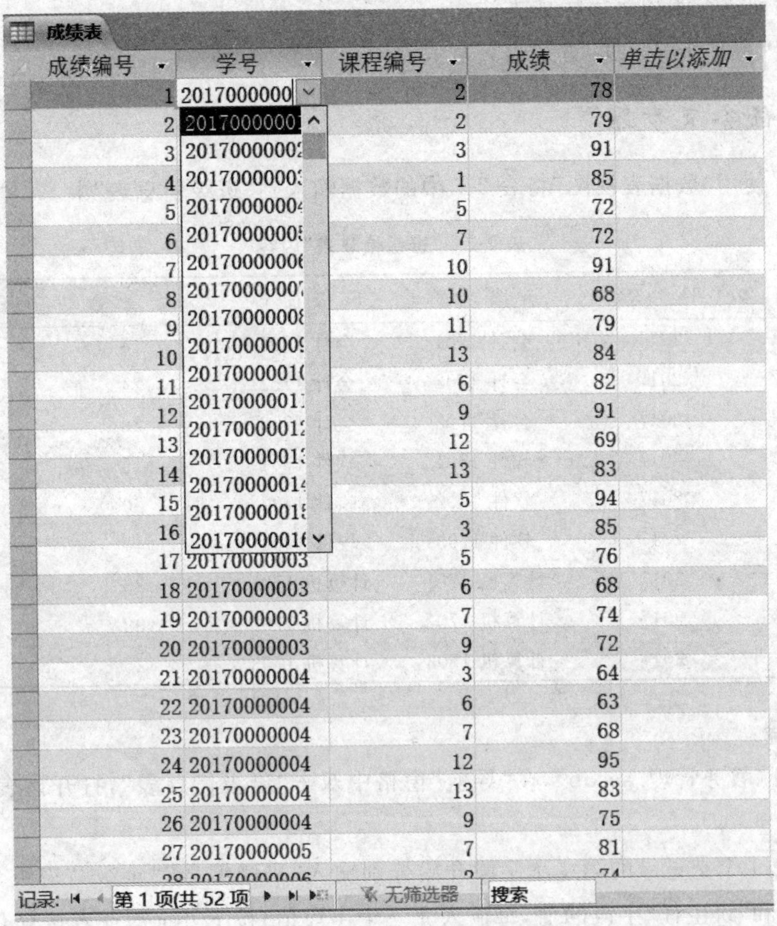

图 2-22 通过列表框输入或修改"学号"

"男",索引设置为"有(有重复)";身份证号只能为 18 位数字或者是 17 位数字加最后一位字母。

四、注意事项

1. 在字段属性中填入相关的表达式的时候要注意,所有的字符必须是英文输入法的字符。如性别的默认值为"男",这个双引号也必须是英文引号。

2. 修改字段大小的时候如果改为比原来的数据大小还要小的数值,那么就有可能会导致数据的丢失。

实验 2-5   向表中输入数据

一、实验目的

1. 掌握用"数据表视图"方式输入数据;

数据表

2. 掌握创建查阅列表字段的方法；

3. 掌握"获取外部数据"方式输入数据。

二、实验任务及步骤

任务 1：使用"数据表视图"将表 2-7 中的数据输入到"班级信息表"中。

表 2-7 "班级信息表"内容

班 级 编 号	年　　级	班 级 名 称	班 级 简 称	人　　数	班　主　任
20170000101	2017	会计 1701	会计 1701	15	李小兰
20170000102	2017	会计 1702	会计 1702	24	孙发贵
20170000103	2017	会计 1703	会计 1703	28	赵小云
20170000104	2017	软件 1701	软件 1701	16	刘李霞
20170000105	2017	软件 1702	软件 1702	20	曹小林
20170000106	2017	软件 1703	软件 1703	40	莫小林
20170000107	2017	计算机 1701	计算机 1701	23	李三丰
20170000108	2017	计算机 1702	计算机 1702	32	赵志静
20170000109	2017	计算机 1703	计算机 1703	25	尹志平

操作步骤：

（1）打开"教务管理.accdb"，在"导航"窗格中双击"班级信息表"，打开该表的"数据表视图"。

（2）从第 1 个空记录的第 1 个字段开始分别输入"班级编号""年级""班级名称""班级简称""人数"和"班主任"字段的值，每输入完一个字段值，按 Enter 键或者按 Tab 键转至下一个字段。

（3）输入完一条记录后，按 Enter 键或者按 Tab 键转至下一条记录，并继续输入下一条记录。

（4）输入完全部记录后，单击快速工具栏上的"保存"按钮，保存表中的数据。

任务 2：创建查阅列表字段，为"学生信息表"中"性别"字段创建查阅列表，列表中显示"男"和"女"2 个值。

操作步骤：

（1）打开"学生信息表"的设计视图，选择"性别"字段，在"数据类型"列中选择"查阅向导"，如图 2-23 所示。

（2）在打开的"查阅向导"第 1 个对话框中选中"自行键入所需的值"选项，然后单击"下一步"按钮，如图 2-24 所示。

（3）打开"查阅向导"第 2 个对话框，在"第 1 列"的每行中依次输入"男"或"女"2 个值，如图 2-25 所示。

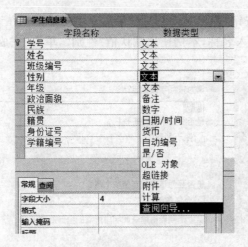

学生信息表
字段名称
数据类型
学号
姓名
班级编号
性别
年级
政治面貌
民族
籍贯
身份证号
学籍编号
文本
文本
文本
文本
文本
备注
数字
日期/时间
货币
自动编号
是/否
OLE 对象
超链接
附件
计算
查阅向导...
常规
查阅
字段大小
4
格式
输入掩码

图 2-23　数据类型的“查阅向导”

查阅向导
该向导将创建一个查阅字段，其中显示一系列数值供选择。请确定查阅字段获取其数值的方式：
使用查阅字段获取其他表或查询中的值(T)。
自行键入所需的值(V)。
取消
< 上一步(B)
下一步(N) >
完成(F)

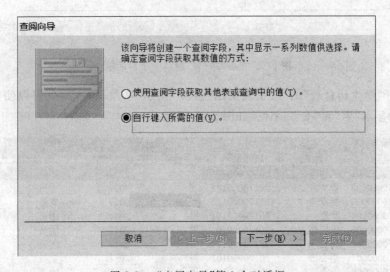

图 2-24　“查阅向导”第 1 个对话框

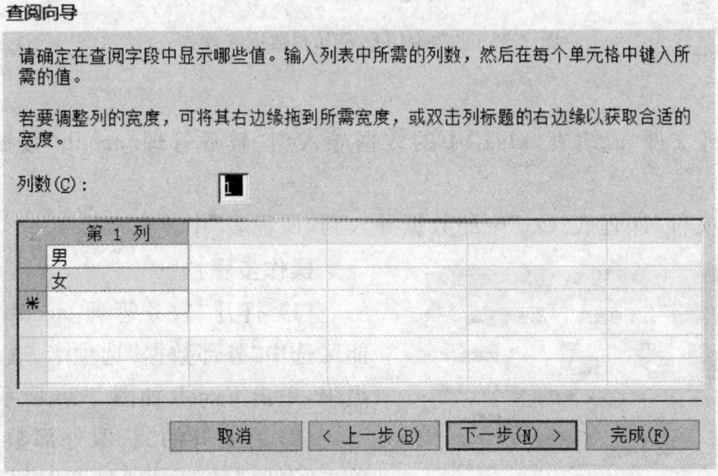

查阅向导
请确定在查阅字段中显示哪些值。输入列表中所需的列数，然后在每个单元格中键入所需的值。
若要调整列的宽度，可将其右边缘拖到所需宽度，或双击列标题的右边缘以获取合适的宽度。
列数(C)：
1
第 1 列
男
女
取消
< 上一步(B)
下一步(N) >
完成(F)

图 2-25　“查阅向导”第 2 个对话框

（4）单击"下一步"按钮，弹出"查阅向导"最后一个对话框。在该对话框的"请为查阅字段指定标签"文本框中输入名称，本例使用默认值"性别"，单击"完成"按钮，如图 2-26 所示。

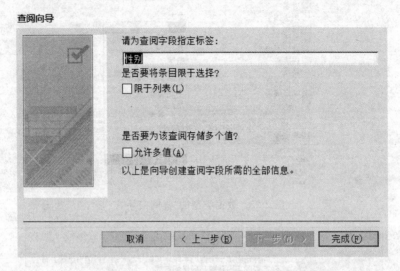

图 2-26　"查阅向导"最后一个对话框

（5）打开"学生信息表"的"数据表视图"查看"性别"字段，输入时就可以使用列表中的值了，列表中显示"男"和"女"2 个值，如图 2-27 所示。

学生信息表						
学号	姓名	班级编号	性别	年级	政治面貌	民族
20170000001	包桐源	20170000101	女	2017	团员	汉族
20170000002	潘文涛	20170000101	男	2017	团员	回族
20170000003	吴家瑜	20170000101	女	2017	党员	汉族
20170000004	罗豪	20170000101	男	2017	团员	汉族
20170000005	张仁强	20170000101	男	2017	团员	汉族
20170000006	杨亚东	20170000101	男	2017	团员	回族
20170000007	胡心怡	20170000101	男	2017	党员	汉族
20170000008	徐鑫	20170000101	男	2017	团员	汉族
20170000009	任艾斌	20170000101	男	2017	团员	汉族

图 2-27　"学生信息表"的"数据表视图"

任务 3：

- 将 Excel 文件"成绩表.xlsx"中的数据导入到"教务管理.accdb"数据库中的"成绩表"中；
- 将文本文件"课程表.txt"中的数据导入到"课程表"中。

图 2-28　选择 Excel

操作步骤：

（1）打开"教务管理.accdb"数据库，在功能区选中"外部数据"选项卡，在"导入并链接"组中，单击 Excel，如图 2-28 所示。

（2）在打开的"获取外部数据"对话框中，单击"浏览"按钮，将"打开"对话框的"查找范围"定位为外部文件所在文件夹，选中导入数据源文件"成绩表.xlsx"，单击"打开"按钮，返回到"获取外部数据"对话框中，在下面的"指定数据在当前数据库中的存储方式和存储位置"中选择第二项——"向表中追加一份记录的副本"，在后面的列表框中选择"成绩表"，单击"确定"按钮，如图 2-29 所示。

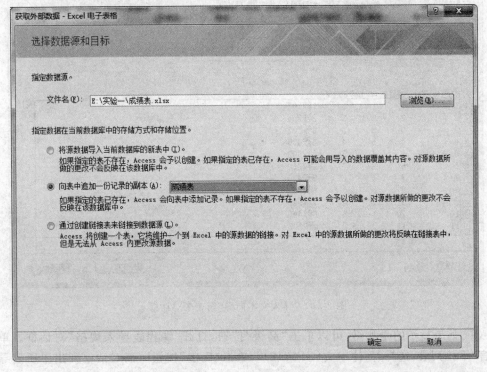

图 2-29　选择数据源和目标

（3）在打开的"导入数据表向导"对话框中，直接单击"下一步"按钮。

（4）在打开的"请确定指定的第一行是否包含列标题"对话框中，选中"第一行包含列标题"复选框，单击"下一步"按钮。

（5）到达导入数据最后一个对话框，直接单击"完成"按钮即可。

（6）导入文本文件"课程表.txt"。打开"教务管理.accdb"，依次选择"外部数据"→"导入并链接"→"文本文件"，如图 2-30 所示，打开"获取外部数据-文本文件"对话框。

图 2-30　选择"文本文件"

（7）在该对话框的"查找范围"框中找到导入文件的位置，在列表中选择所需文件，选择"课程表.txt"。在下面的"指定数据在当前数据库中的存储方式和存储位置"中选择第二项——"向表中追加一份记录的副本"，在后面的列表框中选择"课程表"，单击"确定"按钮。

（8）打开"导入文本向导"的第 1 个对话框。如图 2-31 所示。这里看原始数据是什么格

27

第 2 章

数据表

式的,是带分隔符的还是固定宽度的,按照原来格式选择。单击"下一步"按钮。

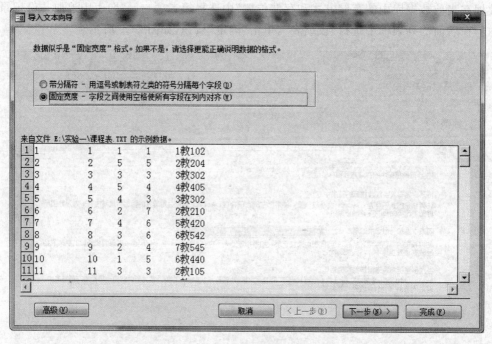

图 2-31 "导入文本向导"第 1 个对话框

(9) 如果显示的是乱码,可以单击"高级"按钮,打开"课程表导入规格"对话框。单击"语言"下拉列表,选择"简体中文(GB2312)",单击"确定"按钮。该对话框列出了所要导入表的内容,单击"下一步"按钮,打开"导入文本向导"的第 2 个对话框,如图 2-32 所示。

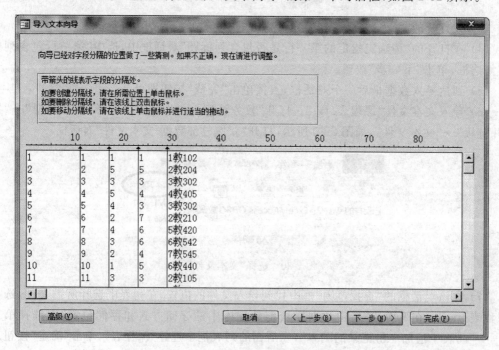

图 2-32 "导入文本向导"第 2 个对话框

（10）单击"下一步"按钮，"导入到表"标签下的文本框中显示"课程表"，单击"完成"按钮。完成向"课程表"导入数据。

三、学生操作训练

任务 1：创建查阅列表字段，为"学生信息表"中"政治面貌"字段创建查阅列表，列表中显示"团员"和"党员"2 个值。

任务 2：将 Excel 文件"课程信息表.xlsx"中的数据导入到"教务管理.accdb"数据库的"课程信息"中。

四、注意事项

1. 导入数据可以在已经存在数据表的前提下进行导入数据，也可以直接导入新表。

2. 导入文本文件时，当显示是乱码的时候需要单击"高级"按钮，打开"课程表 导入规格"对话框。在"语言"下拉列表中选择"简称中文（GB2312）"，如图 2-33 所示。

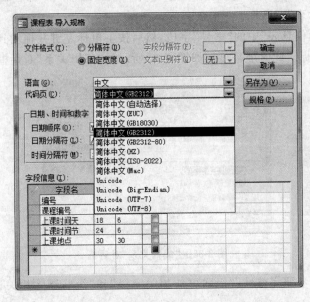

图 2-33　选择代码页显示的字体

实验 2-6　建立表之间的关系

一、实验目的

1. 掌握建立表之间的关联的方法；
2. 理解参照完整性的含义。

二、实验任务及步骤

任务：创建"教务管理.accdb"数据库中的"学生信息表""成绩表"和"课程信息表"之间的关联，并实施参照完整性。

操作步骤：

（1）打开"教务管理.accdb"数据库，在"数据库工具/关系"组，单击功能栏上的"关系"按钮 ，打开"关系"窗口，同时打开"显示表"对话框。如果没有打开"显示表"对话框，可单击"显示表"按钮，如图 2-34 所示。

图 2-34 "关系工具"选项卡

（2）在"显示表"对话框中，分别双击"学生信息表""成绩表"和"课程信息表"，将其添加到"关系"窗口中。注：3 个表的主键分别是"学号""成绩编号"和"课程编号"。

（3）关闭"显示表"对话框。

（4）选定"学生信息表"中的"学号"字段，然后按下鼠标左键并拖动到"成绩表"中的"学号"字段上，松开鼠标。此时屏幕显示如图 2-35 所示的"编辑关系"对话框。

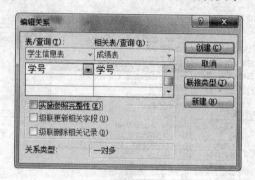

图 2-35 "编辑关系"对话框

（5）选中"实施参照完整性""级联更新相关字段"和"级联删除相关记录"复选框，单击"创建"按钮。

（6）用同样的方法将"课程信息表"中的"课程编号"字段拖到"成绩表"中的"课程编号"字段上，并选中"实施参照完整性""级联更新相关字段"和"级联删除相关记录"复选框，结果如图 2-36 所示。

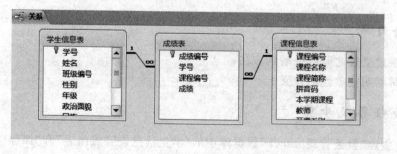

图 2-36 表间关系

（7）单击"保存"按钮，保存表之间的关系，单击"关闭"按钮，关闭"关系"窗口。

三、学生操作训练

任务：创建"教务管理.accdb"数据库中所有表相互之间的关联，并实施参照完整性。

四、注意事项

1. 创建关系的时候要先选中一个字段，然后按下鼠标左键并拖动到另一个表的另一个字段上放开鼠标，这时会显示要建立关系的相应字段的名称。如果显示的不正确可以重新拖动，或者在"编辑关系"对话框中进行选择。

2. 建立关系的时候不要忘记选中"实施参照完整性""级联更新相关字段"和"级联删除相关记录"复选框。

实验 2-7 维 护 表

一、实验目的

1. 掌握修改表结构的方法；
2. 掌握编辑表内容的方法；
3. 掌握表的格式化方法。

二、实验任务及步骤

任务：
- 将"班级信息表"备份，备份表名称为"班级信息表 1"；
- 将"班级信息表 1"中的"年级"字段和"班级名称"字段显示位置互换；
- 将"班级信息表 1"中"人数"字段列隐藏起来；
- 在"班级信息表 1"中冻结"班主任"列；
- 在"班级信息表 1"中设置"班级编号"列的显示宽度为 20；
- 设置"班级信息表 1"数据表格式，字体为楷体、12 号、斜体、蓝色，数据表为"凸起"。

操作步骤：

（1）打开"教务管理.accdb"数据库，在导航窗格中，选中"班级信息表"，打开"文件"选项卡，单击"对象另存为"命令，打开"另存为"对话框，将"班级信息表"另存为"班级信息表 1"，如图 2-37 所示。

（2）用"数据表视图"打开"班级信息表 1"，选中"班级名称"字段列，按下鼠标左键拖动鼠标到"年级"字段前，释放鼠标左键。

（3）右击"人数"列，在弹出的快捷菜单中选择"隐藏字段"命令。

（4）右击"班主任"列，在弹出的快捷菜单中选择"冻结字段"命令。

（5）右击"班级编号"列，在弹出的快捷菜单中选择"字段宽度"命令，将列宽设置为 20，单击"确定"按钮。

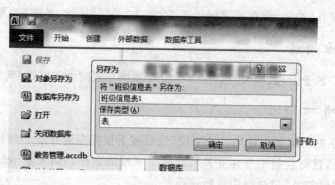

图 2-37 "另存为"对话框

（6）单击"开始"选项卡，在"文本格式"组中按要求进行字体设置，如图 2-38 所示。

（7）数据表设置：单击字体设置的右下角处，弹出"设置数据表格式"对话框，将"单元格效果"设置为"凸起"，单击"确定"按钮，如图 2-39 所示。

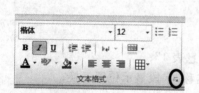

图 2-38 字体设置　　　　图 2-39 "设置数据表格式"对话框

三、学生操作训练

任务：

- 将"学生信息表"备份，备份表名称为"学生信息表1"；
- 将"学生信息表1"中的"班级编号"字段和"性别"字段显示位置互换；
- 在"学生信息表1"中添加自己的信息；
- 在"学生信息表1"中删除学号为"20170000001"的学生信息；
- 在"学生信息表1"中设置所有列的显示宽度为20；
- 设置"学生信息表1"数据表格式，字体为黑体、15 号、加粗、红色、数据表为"凹陷"。

四、注意事项

修改表的结构或者数据之前必须要备份原来的表，以防止数据的丢失。

实验 2-8　操　作　表

一、实验目的

1. 掌握查找、替换数据的方法；
2. 掌握排序记录的方法；
3. 重点掌握筛选记录的方法。

二、实验任务及步骤

任务 1：将"学生信息表"中"籍贯"字段值中的"四川"全部改为"四川省"。

操作步骤：

(1) 打开"学生信息表"的"数据表视图"，将光标定位到"籍贯"字段任一单元格中。

(2) 单击"开始"选项卡"查找"组中的替换，如图 2-40 所示。打开"查找和替换"对话框，如图 2-41 所示。

图 2-40　"查找"组　　　　　　　　　图 2-41　"查找和替换"对话框

(3) 按图所示设置各个选项，单击"全部替换"按钮即可。

任务 2：

- 在"学生信息表"中，按"性别"和"年级"两个字段升序排序；
- 在"学生信息表"中，先按"性别"升序排序，再按"学籍编号"降序排序。

操作步骤：

(1) 打开"学生信息表"的"数据表视图"，选择"性别"和"年级"两列，依次选择"开始"选项卡→"排序和筛选"组，单击功能栏中的"升序"按钮，完成按"性别"和"年级"两个字段升序排序。

(2) 依次选择"开始"选项卡→"排序和筛选"组，单击"高级"下拉列表中的"高级筛选/排序"命令，如图 2-42 所示。

(3) 打开"高级筛选/排序"对话框，在设计网格中"字段"行第 1 列选择"性别"字段，排序方式选择"升序"，第 2 列选择"学籍编号"字段，排序方式选择"降序"，如图 2-43 所示。

(4) 依次选择"开始"选项卡→"排序和筛选"组，单击"切换筛选"按钮 观察排序结果。

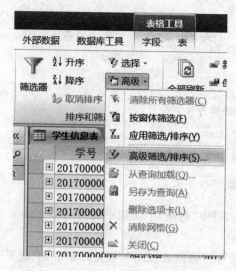

图 2-42 选择"高级筛选/排序"命令

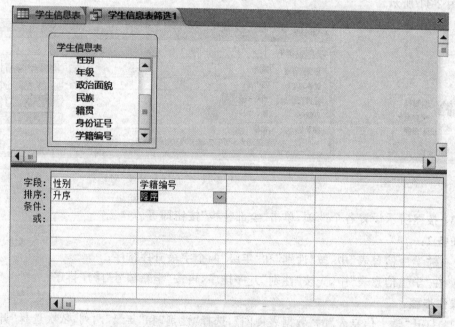

图 2-43 "高级筛选/排序"对话框

任务 3：
- 在"学生信息表"中筛选出来自"河北"的学生。
- 在"学生信息表"中筛选出男生党员的信息。
- 在"成绩表"中筛选 60 分以下的学生。
- 在"学生信息表"中筛选出政治面貌为"党员"或者民族为"回族"的学生。

操作步骤：

（1）按照选定内容筛选记录。

① 打开"学生信息表"的"数据表视图"，选定"籍贯"为"河北"的任一单元格中的"河北"

两个字。

②在"开始"选项卡的"排序和筛选"组中，单击"选择"按钮 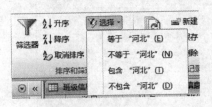，在打开的下拉菜单中单击"包含'河北'"命令，完成筛选，如图2-44所示。

图2-44 "选择"下拉菜单

（2）按窗体筛选。

①打开"学生信息表"的"数据表视图"，在"开始"选项卡的"排序和筛选"组中，单击"高级"按钮，在打开的下拉列表中，单击"按窗体筛选"按钮。

②这时数据表视图转变为一个记录，如图2-45所示。在"性别"字段中，单击下拉箭头，在打开的列表中选择"男"；在"政治面貌"字段中，打开下拉列表，选择"党员"。

图2-45 按窗体筛选

③在"排序和筛选"组中，单击"切换筛选"按钮 完成筛选。

（3）使用筛选器筛选。

①打开"成绩表"的"数据表视图"，将光标定位于"成绩"字段列任一单元格内，然后右击鼠标，在弹出的快捷菜单中选择"数字筛选器"命令→"小于…"。

②在"自定义筛选"对话框的文本框中输入"59"，如图2-46所示，单击"确定"按钮，得到筛选结果。

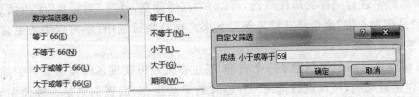

图2-46 筛选器

（4）使用高级筛选。

①打开"学生信息表"的"数据表视图"，在"开始"选项卡的"排序和筛选"组中，单击"高级"按钮，在打开的下拉列表中，单击"高级筛选/排序"命令。

②打开"高级筛选/排序"对话框，该对话框分为两个窗格，上部窗格显示"学生信息表"，下部是设置筛选条件的窗格。双击"政治面貌"和"民族"字段，将这两个字段加入到下面的窗格中，在"政治面貌"的条件行填入"党员"，在"民族"字段的"或"条件行填入"回族"，如图2-47所示。

⑤单击"排序和筛选"组中的"切换筛选"按钮，显示筛选的结果。

三、学生操作训练

任务1：在"班级信息表"中，先按"班级名称"升序排序，再按"人数"降序排序。

36

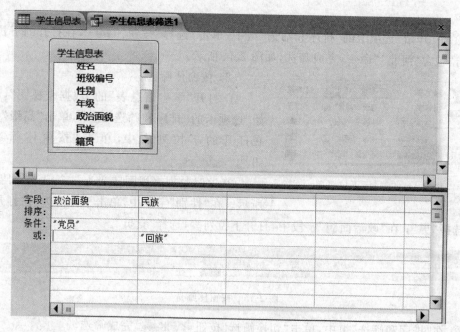

图 2-47 "高级筛选/排序"对话框

任务 2：在"班级信息表"中筛选出人数大于等于 20 的班级。

任务 3：在"课程信息表"中筛选出开课系别为"人文学院"的本学期课程。

四、注意事项

1. 如果经常进行同样的高级筛选,可以在"高级筛选/排序"对话框"学生信息表"窗格右击选择"另存为查询"命令将其结果保存下来。在高级筛选中,还可以添加更多的字段列和设置更多的筛选条件。

2. 高级筛选实际上是创建了一个查询,通过查询可以实现各种复杂条件的筛选。筛选和查询操作是近义的,可以说筛选是一种临时的手动操作,而查询则是一种预先定制操作,在 Access 中查询操作具有更普遍意义。

第3章　查　询

实验 3-1　创建选择查询

一、实验目的

1. 掌握不含条件的选择查询的创建方法；
2. 掌握含条件的选择查询的创建方法。

二、实验任务及步骤

任务 1：以"学生信息表""选课表""课程信息表"为数据源，创建名为"学生课表信息"的查询，查找学生的课表。

使用查询向导创建的操作步骤如下：

（1）双击打开"教务管理"数据库文件，在"创建"选项卡"查询"组中单击"查询向导"按钮，弹出"新建查询"对话框，选择第一项"简单查询向导"，如图 3-1 所示，单击"确定"按钮。

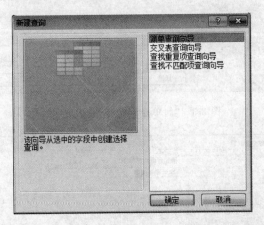

图 3-1　"新建查询"对话框

（2）弹出"简单查询向导"对话框，如图 3-2 所示。在"表/查询"下拉列表框中选择"表：学生信息表"，在"可用字段"列表框中选中"学号""姓名"字段，单击 > 按钮（或双击这几个字段），将"学号""姓名"字段添加到"选定字段"列表框中；在"表/查询"下拉列表框中选择"表：课程信息表"，在"可用字段"列表框中选择"课程名称"字段，将"课程名称"字段添加到"选定字段"列表框中；在"表/查询"下拉列表框中选择"表：选课表"，在"可用字段"列表框中选择"上课时间天""上课时间节""上课地点",将此三个字段添加到"选定字段"列表框中。

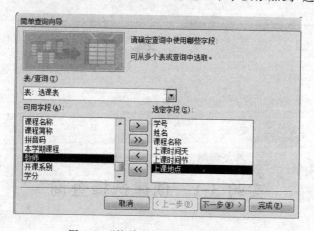

图 3-2 "简单查询向导"对话框(1)

(3) 单击"下一步"按钮,在确定使用明细查询还是汇总查询中选择"明细",如图 3-3 所示,单击"下一步"按钮,为查询指定标题为"学生课表信息",单击"打开查询查看信息"单选按钮,如图 3-4 所示,单击"完成"按钮,得到的查询结果如图 3-5 所示。

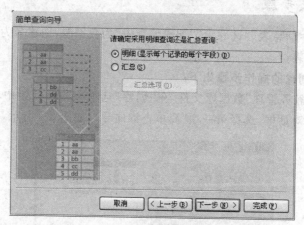

图 3-3 "简单查询向导"对话框(2)

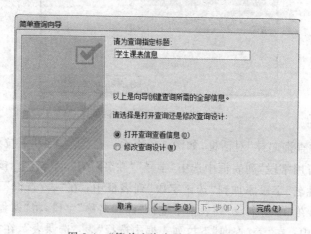

图 3-4 "简单查询向导"对话框(3)

学号	姓名	课程名称	上课时间天	上课时间节	上课地点
20170000001	包桐源	经济数学基础	5	5	2教204
20170000002	潘文涛	经济数学基础	5	5	2教204
20170000002	潘文涛	基础会计学	3	3	3教302
20170000001	包桐源	政治经济学（	1	1	1教102
20170000001	包桐源	财务会计	4	3	3教302
20170000001	包桐源	成本会计	4	6	5教420
20170000001	包桐源	审计学原理	1	5	6教440
20170000005	张仁强	审计学原理	1	5	6教440
20170000005	张仁强	人力资源管理	3	3	2教105
20170000005	张仁强	数据库理论	4	2	5教400
20170000005	张仁强	西方经济学	2	7	2教210
20170000001	包桐源	管理会计	2	4	7教545
20170000002	潘文涛	马克思经济学	2	1	1教420
20170000002	潘文涛	数据库理论	4	2	5教400
20170000002	潘文涛	财务会计	4	3	3教302
20170000003	吴家瑜	基础会计学	3	3	3教302
20170000003	吴家瑜	财务会计	4	3	3教302
20170000003	吴家瑜	西方经济学	2	7	2教210
20170000003	吴家瑜	成本会计	4	6	5教420
20170000003	吴家瑜	管理会计	2	4	7教545
20170000004	罗豪	基础会计学	3	3	3教302
20170000004	罗豪	西方经济学	2	7	2教210
20170000004	罗豪	成本会计	4	6	5教420
20170000004	罗豪	马克思经济学	2	1	1教420
20170000004	罗豪	数据库理论	4	2	5教400

图 3-5 选择查询结果

使用查询设计视图创建的操作步骤如下：

（1）双击打开"教务管理"数据库文件，在"创建"选项卡"查询"组中单击"查询设计"按钮，弹出"显示表"对话框，在其中选择"学生信息表"，单击"添加"按钮（或双击表名），选择"选课表"，单击"添加"按钮（或双击表名），选择"课程信息表"，单击"添加"按钮（或双击表名），最后单击"关闭"按钮，如图 3-6 所示。

图 3-6 "显示表"对话框

（2）被选中的"学生信息表""选课表""课程信息表"出现在设计视图上半部分的数据表/查询显示区中，如图 3-7 所示。

（3）分别将"学生信息表"中的"学号"和"姓名"，"课程信息表"中的"课程名称"，"选课表"中的"上课时间天""上课时间节""上课地点"字段添加到设计视图下半部分的查询设计区中，如图 3-8 所示。

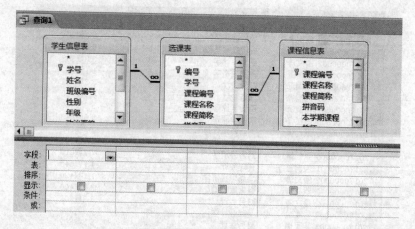

图 3-7　设计视图

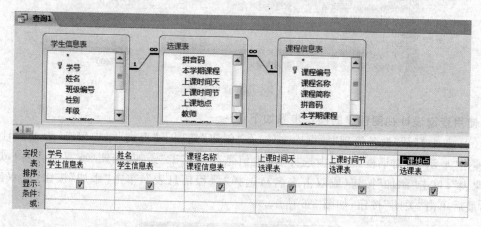

图 3-8　设计视图操作

（4）单击"保存"按钮，弹出"另存为"对话框，在"查询名称"文本框中输入"学生课表信息"，如图 3-9 所示，单击"确定"按钮。

图 3-9　确定查询名称

（5）双击运行该查询，可以看到如图 3-5 所示的查询结果。

任务 2：以"选课表"为数据源，创建名为"教师课表"的查询，查找人文学院老师的课表，显示每名老师的上课时间天、上课时间节和上课地点。

操作步骤：

（1）双击打开"教务管理"数据库文件，在"创建"选项卡"查询"组中单击"查询设计"按钮，弹出"显示表"对话框，在其中选择"选课表"，单击"添加"按钮（或双击表名），然后单击"关闭"按钮。

（2）将"选课表"中的"开课系别""教师""课程名称""上课时间天""上课时间节""上课地点"6 个字段添加到设计视图的查询设计区中。

（3）按照如图 3-10 所示的界面进行条件查询设计，保存查询，查询名设为"教师课表"。

（4）双击运行该查询，可看到如图 3-11 所示的查询结果。

字段：	开课系列	教师	课程名称	上课时间天	上课时间节	上课地点
表：	选课表	选课表	选课表	选课表	选课表	选课表
排序：						
显示：	☑	☑	☑	☑	☑	☑
条件：	"人文学院"					
或：						

图 3-10　查询条件设置

开课系列	教师	课程名称	上课时间天	上课时间节	上课地点
人文学院	教师3	基础会计学	3	3	教302
人文学院	教师1	政治经济学（	1	1	教102
人文学院	教师5	财务会计	4	3	教302
人文学院	教师7	成本会计	4	6	教420
人文学院	教师10	审计学原理	1	5	教440
人文学院	教师10	审计学原理	1	5	教440
人文学院	教师11	人力资源管理	3	3	教105
人文学院	教师6	西方经济学	2	7	教210
人文学院	教师9	管理会计	2	4	教545
人文学院	教师12	马克思经济学	2	1	教420
人文学院	教师5	财务会计	4	3	教302
人文学院	教师3	基础会计学	3	3	教302
人文学院	教师5	财务会计	4	3	教302
人文学院	教师6	西方经济学	2	7	教210
人文学院	教师7	成本会计	4	6	教420
人文学院	教师9	管理会计	2	4	教545
人文学院	教师3	基础会计学	3	3	教302
人文学院	教师6	西方经济学	2	7	教210
人文学院	教师7	成本会计	4	6	教420
人文学院	教师12	马克思经济学	2	1	教420
人文学院	教师9	管理会计	2	4	教545
人文学院	教师7	成本会计	4	6	教420
人文学院	教师3	基础会计学	3	3	教302
人文学院	教师7	成本会计	4	6	教420
人文学院	教师10	审计学原理	1	5	教440

图 3-11　"教师课表"查询运行结果

三、学生操作训练

任务 1：查找陈博同学的课表。

任务 2：查找政治经济学课程的上课时间和地点。

任务 3：查找籍贯为四川的学生信息。

实验 3-2　创建参数查询

一、实验目的

1. 掌握单参数查询的创建方法；
2. 掌握多参数查询的创建方法。

二、实验任务及步骤

任务 1：创建名为"按班级编号查找学生"的参数查询，根据输入的班级编号来查询学生信息。

操作步骤：

（1）双击打开"教务管理"数据库文件，在"创建"选项卡"查询"组中单击"查询设计"按钮，弹出"显示表"对话框，在其中添加"学生信息表"，单击"关闭"按钮。

（2）将"学生信息表"中的"班级编号""学号""姓名""性别""年级""政治面貌""民族""籍贯"字段添加到设计视图的查询设计区中。

（3）按照如图 3-12 所示设置条件，保存查询，查询名设为"按班级编号查找学生"。

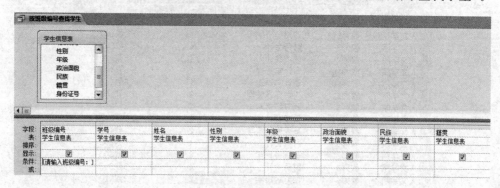

图 3-12　参数查询设计

（4）双击运行该查询，在弹出的"输入参数值"对话框中输入要查询的班级编号"20170000101"，如图 3-13 所示，单击"确定"按钮，得到参数查询结果如图 3-14 所示。

图 3-13　输入班级编号

任务 2：创建名为"按成绩范围查询"的参数查询，根据输入的成绩范围来查询学生和课程信息。例如，根据提示信息先输入 70，再输入 80，这样就能查出成绩在 70～80 分之间的学生和课程信息。

操作步骤：

（1）双击打开"教务管理"数据库文件，在"创建"选项卡"查询"组中单击"查询设计"按钮，弹出"显示表"对话框，在其中添加"学生信息表""课程信息表""成绩表"，单击"关闭"按钮。

班级编号	学号	姓名	性别	年级	政治面貌	民族	籍贯
20170000101	20170000001	包桐源	女	2017	团员	汉族	四川
20170000101	20170000002	潘文涛	女	2017	团员	回族	陕西
20170000101	20170000003	吴家瑜	女	2017	党员	汉族	河北
20170000101	20170000004	罗豪	男	2017	团员	汉族	广西
20170000101	20170000005	张仁强	男	2017	团员	汉族	四川
20170000101	20170000006	杨亚东	男	2017	团员	回族	陕西
20170000101	20170000007	胡心怡	男	2017	党员	汉族	河北
20170000101	20170000008	徐鑫	男	2017	团员	汉族	广西
20170000101	20170000009	任艾斌	男	2017	团员	汉族	四川
20170000101	20170000010	郭峰	男	2017	团员	回族	陕西
20170000101	20170000011	陈博	男	2017	党员	汉族	河北
20170000101	20170000012	阳瀚	男	2017	团员	汉族	广西
20170000101	20170000013	杜贵林	男	2017	团员	汉族	四川
20170000101	20170000014	钟昊杰	男	2017	团员	回族	陕西
20170000101	20170000015	陈永劲	男	2017	党员	汉族	河北
*			男				

图 3-14　参数查询结果

(2) 分别双击"学生信息表"中的"学号""姓名"字段，"课程信息表"中的"课程名称"字段，"成绩表"中的"成绩"字段，将它们添加到设计视图的查询设计区中。

(3) 按照如图 3-15 所示设置条件，保存查询，查询名设为"按成绩范围查询"。

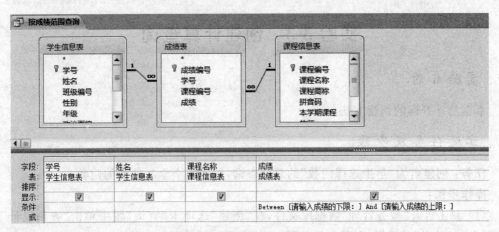

图 3-15　多参数查询条件设置

(4) 双击运行该查询，在弹出的"输入参数值"对话框中输入要查询的成绩的下限"70"，如图 3-16 所示，单击"确定"按钮。

(5) 在随后弹出的对话框中输入要查询的成绩上限"80"，如图 3-17 所示，单击"确定"按钮，得到参数查询结果如图 3-18 所示。

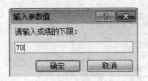

图 3-16　输入成绩下限

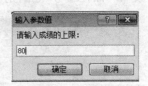

图 3-17　输入成绩上限

学号	姓名	课程名称	成绩
20170000001	包桐源	经济数学基础	78
20170000002	潘文涛	经济数学基础	79
20170000001	包桐源	财务会计	72
20170000001	包桐源	成本会计	72
20170000005	张仁强	人力资源管理	79
20170000003	吴家瑜	财务会计	76
20170000003	吴家瑜	成本会计	74
20170000003	吴家瑜	管理会计	72
20170000004	罗豪	管理会计	75
20170000006	杨亚东	经济数学基础	74
20170000006	杨亚东	马克思经济学	79
20170000008	徐鑫	经济数学基础	76
20170000008	徐鑫	基础会计学	77
20170000009	任艾斌	财务会计	78
20170000010	郭峰	人力资源管理	75

图 3-18　多参数查询结果

三、学生操作训练

任务：以"选课表"为数据源，创建多参数查询，查找某间教室某天的上课情况。

实验 3-3　创建计算查询

一、实验目的

掌握总计查询的创建方法。

二、实验任务及步骤

任务：创建名为"学生选课门数"的总计查询，显示每个学生选课的门数。

操作步骤：

（1）双击打开"教务管理"数据库文件，在"创建"选项卡"查询"组中单击"查询设计"按钮，弹出"显示表"对话框，在其中添加"学生信息表"和"选课表"，单击"关闭"按钮。

（2）分别双击"学生信息表"中的"学号""姓名"和"选课表"中的"课程编号"字段，将它们添加到设计视图的查询设计区中。

（3）单击工具栏中的"汇总"按钮 Σ 添加"总计"行，"学号"和"姓名"字段"总计"行选择 Group By，"课程编号"字段"总计"行选择"计数"，并且将本列的字段名改为"选课的门数"，注意"选课的门数"和"课程编号"之间是英文的"："，如图 3-19 所示。

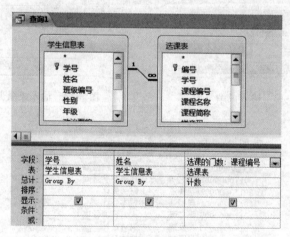

图 3-19　总计查询条件设置

（4）单击"保存"按钮，查询名设为"学生选课门数"，双击运行该查询，可看到如图 3-20 所示的查询结果。

三、学生操作训练

任务 1：统计每名同学课程的平均分。

任务 2：统计 20170000101 班学生的人数。

图 3-20　总计查询运行结果

实验 3-4　创建交叉表查询

一、实验目的

1. 掌握使用交叉表查询向导创建交叉表查询的方法；
2. 掌握使用设计视图创建交叉表查询的方法。

二、实验任务及步骤

任务：创建名为"教室上课情况统计"的交叉表查询，显示每间教室每天的上课节数。

使用"交叉表查询向导"创建查询操作步骤如下：

（1）单击"创建"选项卡"查询"组中的"查询向导"按钮，弹出"新建查询"对话框，选择"交叉表查询向导"，如图 3-21 所示，单击"确定"按钮。

图 3-21　"新建查询"对话框

（2）弹出"交叉表查询向导"对话框，在其中选择"表：课程表"，如图 3-22 所示，单击"下一步"按钮。

（3）选择"上课地点"作为行标题，如图 3-23 所示。单击"下一步"按钮。

（4）选择"上课时间天"作为列标题，如图 3-24 所示，单击"下一步"按钮。

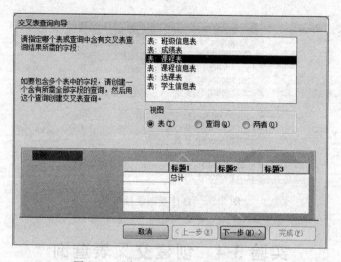

图 3-22 "交叉表查询向导"对话框(1)

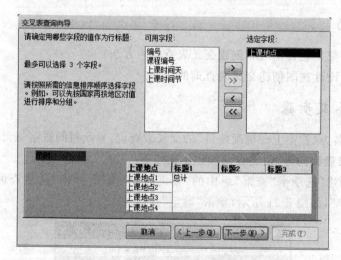

图 3-23 "交叉表查询向导"对话框(2)

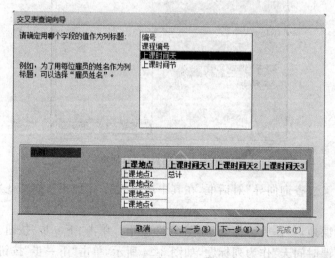

图 3-24 "交叉表查询向导"对话框(3)

（5）选择"上课时间节"作为值，选择 Count 函数，如图 3-25 所示，单击"下一步"按钮。

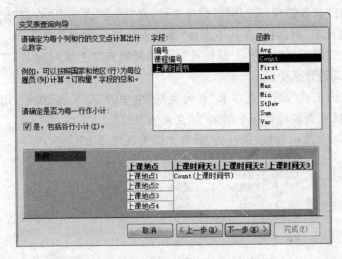

图 3-25 "交叉表查询向导"对话框（4）

（6）输入查询名称"教室上课情况统计"，如图 3-26 所示，单击"完成"按钮，得到如图 3-27
所示的查询结果。

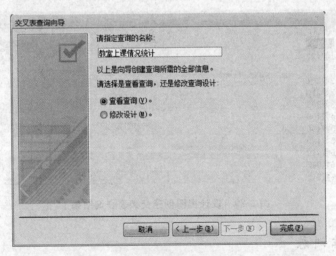

图 3-26 "交叉表查询向导"对话框（5）

上课地点	总计 上课时	1	2	3	4	5
1教102	1	1				
1教420	1		1			
2教105	1			1		
2教204	1					1
2教210	1		1			
3教302	2			1	1	
4教405	1					1
5教400	1				1	
5教420	1				1	
6教440	1	1				
6教542	1			1		
7教545	1		1			

图 3-27 交叉表查询结果

使用"查询设计视图"创建查询步骤如下：

（1）双击打开"教务管理.accdb"数据库文件，在"创建"选项卡"查询"组中单击"查询设计"按钮，弹出"显示表"对话框，在其中添加"课程表"，单击"关闭"按钮。

（2）分别双击"课程表"中的"上课地点""上课时间天""上课时间节"字段，将它们添加到设计视图的查询设计区中。

（3）单击"查询工具/设计"选项卡"查询类型"组中的"交叉表"按钮，切换到"交叉表查询"设计视图，系统在查询设计区中增加了"交叉表"栏目。

（4）参照图 3-28 所示设置，保存为"教室上课情况统计 1"。

字段	上课地点	上课时间天	上课时间节
表	课程表	课程表	课程表
总计	Group By	Group By	计数
交叉表	行标题	列标题	值
排序			
条件			
或			

图 3-28　"交叉表查询"设计界面

（5）单击"查询工具/设计"选项卡"结果"组中的"运行"按钮，可得到如图 3-29 所示的结果。

上课地点	1	2	3	4	5
1教102	1				
1教420		1			
2教105			1		
2教204					1
2教210		1			
3教302			1	1	
4教405					1
5教400				1	
5教420				1	
6教440	1				
6教542			1		
7教545		1			

图 3-29　设计视图创建交叉表查询结果

三、学生操作训练

任务：统计每个班级同学的政治面貌情况，团员和党员各有多少人？

实验 3-5　创建操作查询

一、实验目的

1. 掌握生成表查询的创建方法；
2. 掌握追加查询的创建方法；
3. 掌握更新查询的创建方法；
4. 掌握删除查询的创建方法。

二、实验任务及步骤

任务1：创建名为"生成学生班级信息表"的生成表查询，生成名为"20170000101班级学生"数据表，并将所有"20170000101"班的学生信息添加到表中。

操作步骤：

（1）单击"创建"选项卡"查询"组中的"查询设计"按钮，弹出"显示表"对话框，在其中添加"学生信息表"，打开"选择查询"的设计视图。

（2）单击"查询工具/设计"选项卡"查询类型"组中的"生成表"按钮，弹出"生成表"对话框，在"表名称"文本框中输入"20170000101班级学生"，如图3-30所示，单击"确定"按钮。

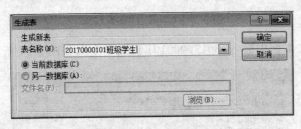

图3-30 "生成表"对话框

（3）按照图3-31所示的界面进行"生成表查询"设计，保存查询为"生成学生班级信息表"。

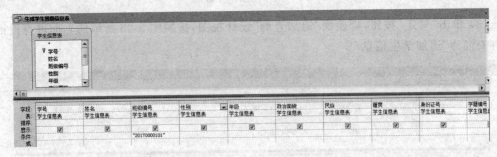

图3-31 "生成表"设计视图

（4）单击"查询工具/设计"选项卡"结果"组中的"运行"按钮，弹出如图3-32所示的消息框，单击"是"按钮，这时，数据库中新增了一个名为"20170000101班级学生"的数据表。

（5）双击打开"20170000101班级学生"数据表，就可以看到如图3-33所示的结果。

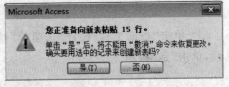

图3-32 "生成表查询"提示信息框

任务2：创建名为"追加学生信息"的追加查询，将"20170000102"班的学生信息追加到"20170000101班级学生"表中。

操作步骤：

（1）单击"创建"选项卡"查询"组中的"查询设计"按钮，弹出"显示表"对话框，在其中添加"学生信息表"，打开"选择查询"的设计视图。

（2）单击"查询工具/设计"选项卡"查询类型"组中的"追加"按钮，弹出"追加"对话框，

图 3-33 "生成表"查询结果

在"追加到表名称"文本框中输入"20170000101 班级学生",如图 3-34 所示。

图 3-34 "追加"对话框

(3) 单击"确定"按钮,切换到"追加查询"设计视图,按照图 3-35 所示的界面进行设计,保存查询为"追加学生信息"。

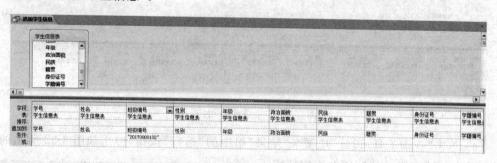

图 3-35 "追加查询"设计视图

(4) 单击"查询工具/设计"选项卡"结果"组中的"运行"按钮,弹出如图 3-36 所示的消息框,单击"是"按钮。

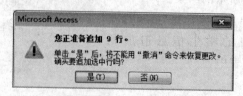

图 3-36 "追加查询"提示信息框

(5) 双击打开"20170000101 班级学生"的数据表,就可以看到如图 3-37 所示的结果。

学号	姓名	班级编号	性别	年级	政治面貌	民族	籍贯	身份证号	学籍编号
20170000001	包桐源	20170000101	女	2017	团员	汉族	四川		20170000001
20170000002	潘文涛	20170000101	女	2017	团员	回族	陕西		20170000002
20170000003	吴玥瑜	20170000101	女	2017	党员	汉族	河北		20170000003
20170000004	罗豪	20170000101	男	2017	团员	汉族	广西		20170000004
20170000005	张仁强	20170000101	男	2017	团员	汉族	四川		20170000005
20170000006	杨亚东	20170000101	男	2017	团员	汉族	陕西		20170000006
20170000007	胡心怡	20170000101	男	2017	党员	汉族	河北		20170000007
20170000008	徐鑫	20170000101	男	2017	团员	汉族	广西		20170000008
20170000009	任艾斌	20170000101	男	2017	团员	汉族	四川		20170000009
20170000010	郭峰	20170000101	男	2017	团员	回族	陕西		20170000010
20170000011	陈博	20170000101	男	2017	党员	汉族	河北		20170000011
20170000012	阳瀚	20170000101	男	2017	团员	汉族	广西		20170000017
20170000013	杜贵林	20170000101	男	2017	团员	汉族	四川		20170000014
20170000014	钟昊杰	20170000101	男	2017	团员	回族	陕西		20170000015
20170000015	陈永劲	20170000101	女	2017	党员	汉族	河北		20170000016
20170000016	李轩	20170000102	女	2017	团员	汉族	广西		20170000017
20170000017	张雷	20170000102	男	2017	团员	汉族	四川		20170000018
20170000018	吴昱懔	20170000102	男	2017	团员	回族	陕西		20170000019
20170000019	董思玚	20170000102	男	2017	党员	汉族	河北		20170000020
20170000020	王春峰	20170000102	男	2017	团员	汉族	广西		20170000021
20170000021	王洁雨	20170000102	男	2017	团员	汉族	四川		20170000022
20170000022	张维博	20170000102	男	2017	团员	回族	陕西		20170000023
20170000023	朱正	20170000102	男	2017	党员	汉族	河北		20170000024
20170000024	刘柳	20170000102	男	2017	团员	汉族	广西		

图 3-37 "追加查询"结果

任务 3:创建名为"更新成绩"的更新查询,将"经济数学基础"这门课程的成绩减少 30%。

操作步骤:

(1) 单击"创建"选项卡"查询"组中的"查询设计"按钮,弹出"显示表"对话框,在其中添加"成绩表",打开"选择查询"设计视图。

(2) 单击"查询工具/设计"选项卡"查询类型"组中的"更新"按钮,切换到"更新查询"设计视图,按照如图 3-38 所示进行设计,并将查询名保存为"更新成绩"。

(3) 单击"查询工具/设计"选项卡"结果"组中的"运行"按钮,弹出如图 3-39 所示的消息框,单击"是"按钮。

(4) 双击打开"成绩表"的数据表,就可以看到成绩字段值发生了变化。

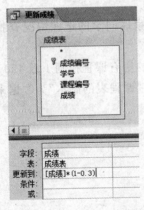

图 3-38 "更新查询"设计视图

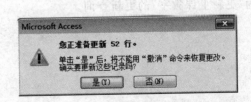

图 3-39 "更新查询"提示信息框

任务 4：创建名为"删除学生选课"的删除查询,将学号为 20170000001 的学生的选课记录删除(复制"选课表",将新复制的表命名为"选课表的副本",以"选课表的副本"为数据来源)。

操作步骤:

(1) 复制"选课表",将新复制的表命名为"选课表的副本"。

(2) 单击"创建"选项卡"查询"组中的"查询设计"按钮,弹出"显示表"对话框,在其中添加"选课表的副本",打开"选择查询"的设计视图。

(3) 单击"查询工具/设计"选项卡"查询类型"组中的"删除"按钮,切换到"删除查询"设计视图,按照如图 3-40 所示进行设计,并将查询名保存为"删除学生选课"。

(4) 单击"查询工具/设计"选项卡"结果"组中的"运行"按钮,弹出如图 3-41 所示的消息框,单击"是"按钮。

(5) 双击打开"选课表的副本",就会发现学号为 20170000001 的学生的选课记录没有了。

图 3-40　"删除查询"设计视图

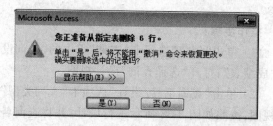

图 3-41　"删除查询"提示信息框

三、学生操作训练

任务 1：创建名为"选课情况生成表查询"的查询,将吴家瑜同学的选课情况查找出来,生成"吴家瑜同学课表"数据表。

任务 2：由于本学期教室施工改造,现将 1 教 102 教室的所有课程换到 1 教 420 教室上课,复制"课程表",将新复制的表命名为"课程表的副本",以"课程表的副本"为数据来源,创建名为"更新上课教室"的更新查询。

第4章　　　窗　　　体

实验 4-1　创建简单窗体

一、实验目的

1. 掌握使用窗体按钮创建窗体的方法；
2. 掌握使用空白窗体按钮创建窗体的方法；
3. 掌握创建分割窗体的方法；
4. 掌握创建数据透视表窗体的方法；
5. 掌握创建数据透视图窗体的方法。

二、实验任务及步骤

任务 1：使用窗体按钮，以"班级信息表"为数据源，创建"班级信息"窗体。

操作步骤：

(1) 打开"教务管理.accdb"数据库，在"导航"窗格中，选择作为窗体的数据源"班级信息表"，在"创建"选项卡的"窗体"组，单击"窗体"按钮，窗体立即创建完成，并以布局视图显示，如图 4-1 所示。

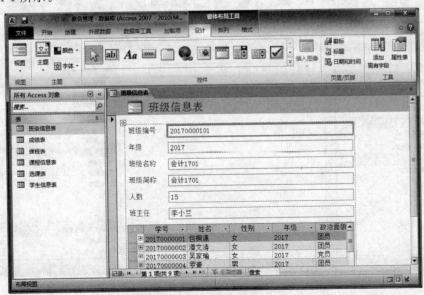

图 4-1　窗体的布局视图

（2）在快速访问工具栏，单击"保存"按钮 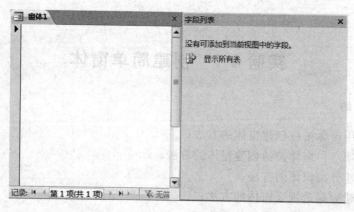，在弹出的"另存为"对话框中输入窗体的名称"班级信息"，然后单击"确定"按钮。

任务 2：使用空白窗体按钮，以"课程信息表"为数据源，创建"课程信息"窗体。

操作步骤：

（1）打开"教务管理.accdb"数据库，单击"创建"选项卡中"窗体"组上的"空白窗体"按钮，打开窗体的布局视图，并显示"字段列表"窗格，如图 4-2 所示。单击"显示所有表"，即可显示所有表中可用字段。

图 4-2　用"空白窗体"创建窗体的"布局视图"

（2）在"字段列表"窗格中，单击"课程信息表"前面的"＋"号，展开"课程信息表"中的所有字段。

（3）双击"课程名称"字段，将此字段添加到窗体的"布局视图"，如图 4-3 所示。"可用于

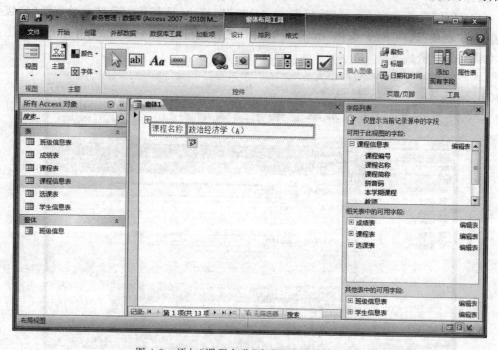

图 4-3　添加"课程名称"字段后的"布局视图"

此视图的字段"窗格中列出已添加在窗体上的字段所在表的所有字段,"相关表中的可用字段"窗格中列出与已添加字段所在表相关联的表的所有字段,与已添加字段所在表不相关的表出现在"其他表中的可用字段"窗格中。

(4)重复步骤(3)添加"教师""学分"字段。

(5)单击快速访问工具栏上的"保存"按钮 ，会出现"另存为"对话框,在窗体名称中输入"课程信息",单击"确定"按钮。

(6)单击"窗体设计工具/设计"选项卡上的"视图"按钮,选择"窗体视图"即可看到"课程信息"窗体的效果,如图 4-4 所示。

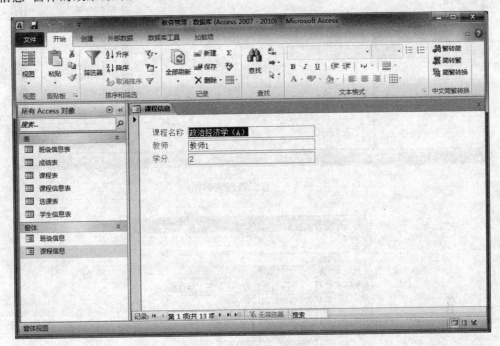

图 4-4 "课程信息"窗体

任务 3：以"学生信息表"为数据源,使用"数据透视表"按钮创建一个带有数据透视表的窗体,将此窗体命名为"学生数据透视表"。

操作步骤：

(1)打开"教务管理.accdb"数据库,单击"导航"窗格中的"表"对象。

(2)在展开的"表"对象列表中单击"学生信息表",即选定"学生信息表"为数据源,单击"创建"选项卡中"窗体"组上的"其他窗体"按钮,在弹出的下拉列表中单击"数据透视表",显示该窗体的"数据透视表视图",如图 4-5 所示。同时显示出"数据透视表字段列表"框,如果未显示此框,单击"数据透视表工具/设计"选项卡上的"显示/隐藏"组中的"字段列表"按钮。

(3)数据透视表分为 4 个区域："筛选区""行字段区""列字段区"和"汇总或明细数据区"。将"年级"字段拖放到"筛选区",将"性别"字段拖放到"行字段区",将"民族"字段拖放到"列字段区",最后将"学号"字段拖放到"汇总或明细数据区",如图 4-6 所示。如果想更改数据透视表窗体中的字段布局,只需将窗体中的字段拖放到窗体之外,然后再拖进新的字段即可。

56

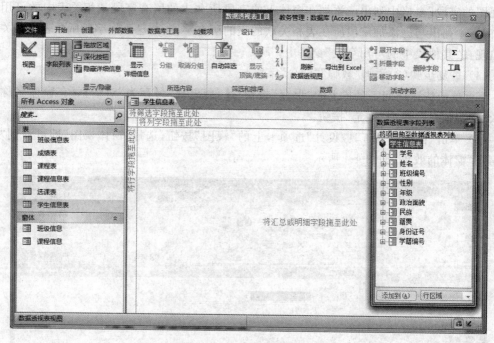

图 4-5　数据透视表视图

图 4-6　添加数据后的"数据透视表视图"

　　(4) 右击"学号",弹出快捷菜单。把鼠标移到该快捷菜单中的"自动计算"处,显示出 "自动计算"的子菜单。再把鼠标移到"自动计算"子菜单中的"计数"处,如图 4-7 所示。单 击"计数",此时的数据透视表视图如图 4-8 所示,在数据透视表中可以同时显示明细数据和 汇总数据,单击加号(+)或减号(-),可以显示或隐藏明细数据。利用同样的方法,可以对 行字段、列字段和汇总或明细数据的值进行选择和分析。

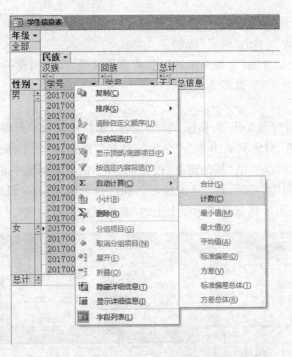

图 4-7 "学号"快捷菜单

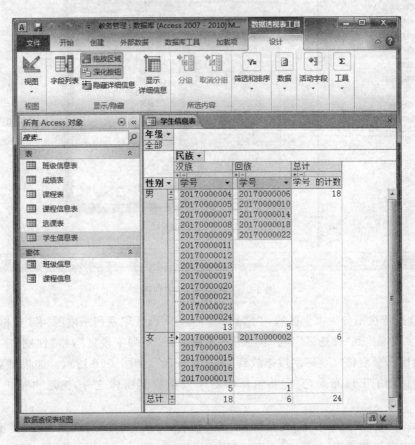

图 4-8 添加"计数"后的"数据透视表视图"

（5）单击快速访问工具栏上的"保存"按钮 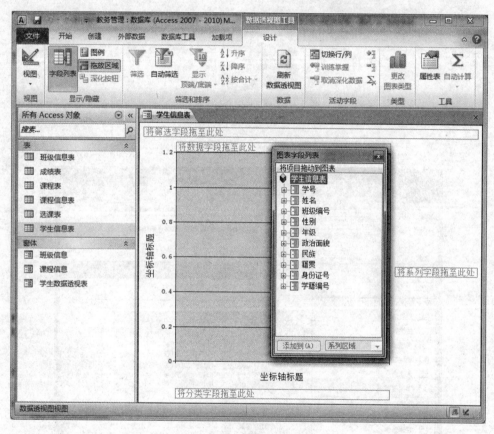，会出现"另存为"对话框，在窗体名称中输入"学生数据透视表"，单击"确定"按钮。

任务 4：以"学生信息表"为数据源，使用"数据透视图"按钮创建一个带有数据透视图的窗体，将此窗体命名为"学生数据透视图"。

操作步骤：

（1）打开"教务管理.accdb"数据库，单击"导航"窗格中的"表"对象。

（2）在展开的"表"对象列表中单击"学生信息表"，即选定"学生信息表"为数据源，单击"创建"选项卡中"窗体"组上的"其他窗体"按钮，在弹出的下拉列表中单击"数据透视图"，显示该窗体的"数据透视图"视图，如图 4-9 所示。同时显示出"图表字段列表"框，如果未显示此框，单击"数据透视图工具/设计"选项卡上的"显示/隐藏"组中的"字段列表"按钮。

图 4-9 "数据透视图"视图

（3）数据透视图分为 4 个区域："筛选区""分类字段区""系列字段区"和"数据字段区"。将"年级"字段拖放到"筛选区"，将"民族"字段拖放到"系列字段区"，将"性别"字段拖放到"分类字段区"，最后将"学号"字段拖放到"数据字段区"，如图 4-10 所示。如果想更改"数据透视图"窗体中的字段布局，只需将窗体中的字段拖放到窗体之外，然后再拖进新的字段即可。

（4）单击"设计"选项卡上"类型"组中的 ■ 按钮，弹出"属性"对话框。在"类型"选项卡上，显示出各种类型图形，如图 4-11 所示，用户可以通过单击选择其中的某一图形类型。如

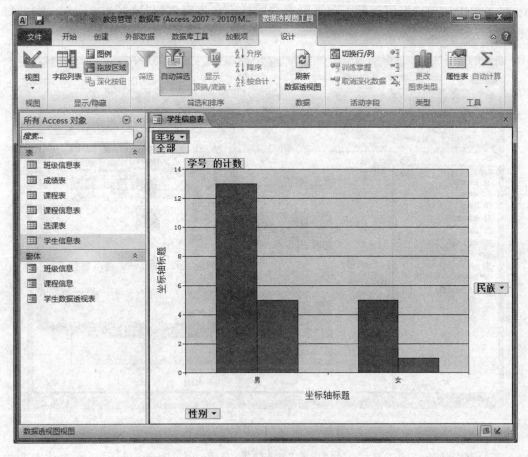

图 4-10 "数据透视图"窗体

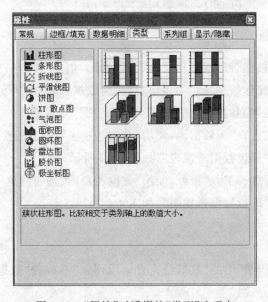

图 4-11 "属性"对话框的"类型"选项卡

选择"条形图"中的"堆积条形图",该图形立即显示在该窗体的"数据透视图"视图中,如图 4-12 所示。

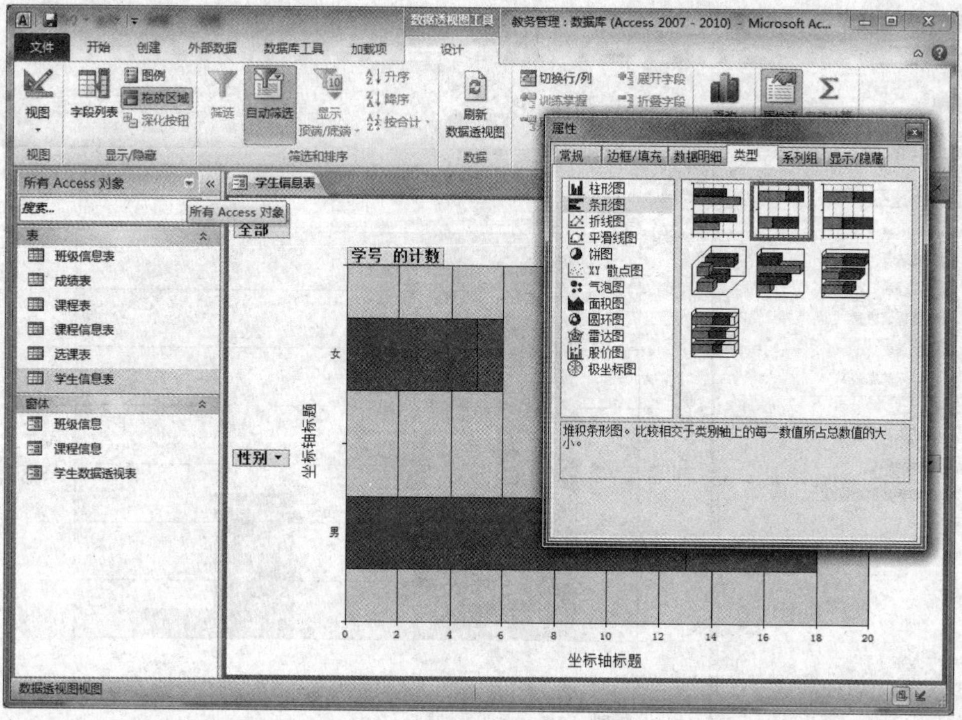

图 4-12　修改图例类型后的效果

（5）单击快速访问工具栏上的"保存"按钮 ，会出现"另存为"对话框,在窗体名称中输入"学生数据透视图",单击"确定"按钮。

三、学生操作训练

任务 1：使用窗体按钮,以"课程信息表"为数据源,创建"课程信息"窗体。

任务 2：使用空白窗体按钮,以"学生信息表"为数据源,创建"学生信息"窗体。

任务 3：以"选课表"为数据源,创建"学生选课情况"分割窗体。

任务 4：以"班级信息表"为数据源,使用"数据透视表"按钮创建一个带有数据透视表的窗体,将此窗体命名为"班级数据透视表",如图 4-13 所示。

任务 5：以"班级信息表"为数据源,使用"数据透视图"按钮创建一个带有数据透视图的窗体,将此窗体命名为"班级数据透视图",如图 4-14 所示。

四、注意事项

注意"数据透视表视图"中的"数据透视表字段列表"框或者"数据透视图视图"中的"图表字段列表"框的显示方式。

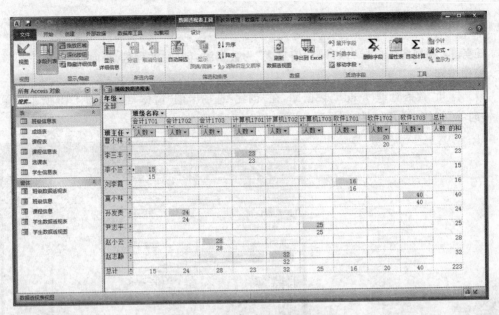

图 4-13 "班级数据透视表"窗体

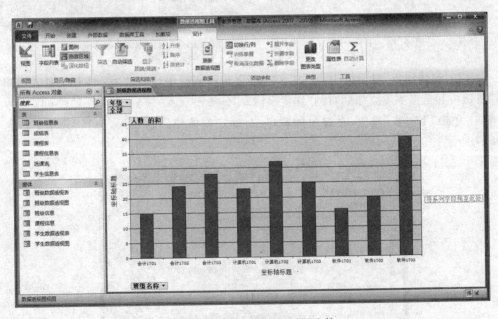

图 4-14 "班级数据透视图"窗体

实验 4-2 使用向导创建窗体

一、实验目的

1. 掌握使用窗体向导创建单一窗体的方法;
2. 掌握利用窗体向导创建主子窗体的方法。

二、实验任务及步骤

任务 1：利用窗体向导，以"课程信息表"为数据源，创建"课程信息-向导"窗体。
操作步骤：

（1）打开"教务管理.accdb"数据库，在"创建"选项卡的"窗体"组，如图 4-15 所示。单击"窗体向导"按钮，打开"窗体向导"对话框，如图 4-16 所示。

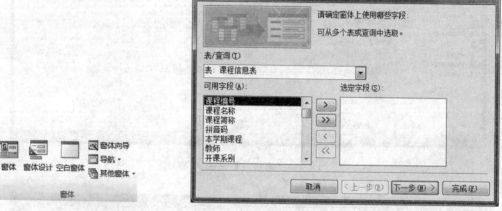

图 4-15 "窗体"组   图 4-16   "窗体向导"对话框

（2）在"窗体向导"对话框中，在"表/查询"下拉列表框中，选中"表：课程信息表"，单击 >> 按钮将其全部字段添加到右侧"选定字段"中。

（3）单击"下一步"按钮，在弹出的窗口中，确定窗体使用的布局，选择"表格"选项，如图 4-17 所示。

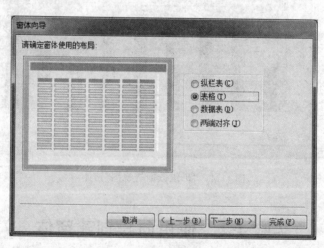

图 4-17   选择窗体布局

（4）单击"下一步"按钮，为窗体指定标题为"课程信息-向导"，在选择要打开还是要修改窗体设计选项中，默认选择"打开窗体查看或输入信息"，单击"完成"按钮，如图 4-18 所示。创建的窗体如图 4-19 所示。

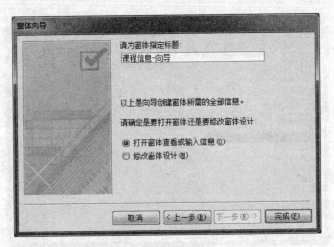

图 4-18　设置窗体标题

课程编号	课程名称	课程简称	拼音码	本学期课程	教师	开课系别	学分
1	政治经济学（A）	政治经济学	ZZJJX	☑	教师1	人文学院	1
2	经济数学基础	经济数学基础	JJSXJC	☑	教师2	计算机系	3
3	基础会计学	基础会计学	JCKJX	☑	教师3	人文学院	3
4	统计学原理（B）	统计学原理（	TJXYL	☐	教师4	人文学院	4
5	财务会计	财务会计	CWKJ	☑	教师5	人文学院	2
6	西方经济学	西方经济学	XFJJX	☑	教师6	人文学院	3
7	成本会计	成本会计	CBKJ	☑	教师7	人文学院	3
8	国家税收	国家税收	GJSS	☐	教师8	人文学院	3
9	管理会计	管理会计	GLKJ	☑	教师9	人文学院	2
10	审计学原理	审计学原理	SJXYL	☑	教师10	人文学院	2
11	人力资源管理	人力资源管理	RLZYGL	☑	教师11	人文学院	3
12	马克思经济学	马克思经济学	MKSJJX	☑	教师12	人文学院	3
13	数据库理论	数据库理论	SJKLL	☑	教师13	计算机系	3

记录：◄ ◄ 第1项(共13项) ► ►◄　┗ 无筛选器　搜索 ◄

图 4-19　"课程信息-向导"窗体

任务 2：利用窗体向导，以"班级信息表"和"学生信息表"为数据源，创建"班级人员信息"主子窗体。

操作步骤：

（1）打开"教务管理.accdb"数据库，在"导航"窗格中选择"窗体"对象，单击"创建"选项卡上"窗体"组中的"窗体向导"按钮，打开"窗体向导"对话框，如图 4-20 所示。

（2）在"窗体向导"对话框的"表/查询"下拉列表框中，选中"表：班级信息表"，并将"班级名称""班级简称""年级""班主任"和"人数"字段通过单击 ＞ 按钮依次添加到右侧"选定字段"中；再选择"表：学生信息表"，并将"学号""姓名""性别""政治面貌""民族""籍贯"

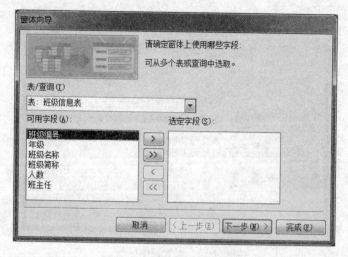

图 4-20 "窗体向导"对话框

"身份证号""学籍编号"字段依次添加到右侧"选定字段"中。

（3）单击"下一步"按钮，在弹出的对话框中，查看数据方式选择"通过 班级信息表"，并选中"带有子窗体的窗体"单选按钮，如图 4-21 所示。

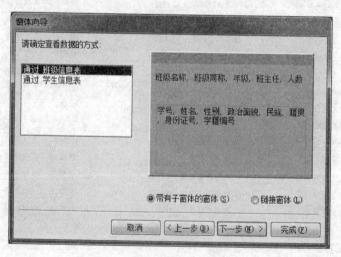

图 4-21 设置查看数据方式

（4）单击"下一步"按钮，子窗体使用的布局选择"数据表"选项。

（5）单击"下一步"按钮，将窗体标题设置为"班级人员信息"，子窗体标题设置为"人员信息"。

（6）单击"完成"按钮。出现"班级人员信息"主子窗体，如图 4-22 所示。

三、学生操作训练

任务 1：利用窗体向导，以"班级信息表"为数据源，创建"班级信息-向导"窗体，如图 4-23 所示。

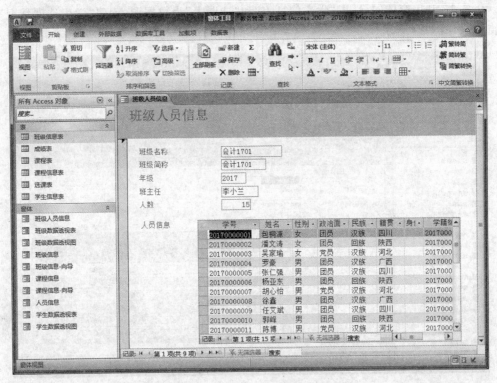

图 4-22 "班级人员信息"主子窗体

图 4-23 "班级信息-向导"窗体

任务 2：利用窗体向导，以"学生信息表"和"选课表"为数据源，创建"学生选课情况"主子窗体，如图 4-24 所示。

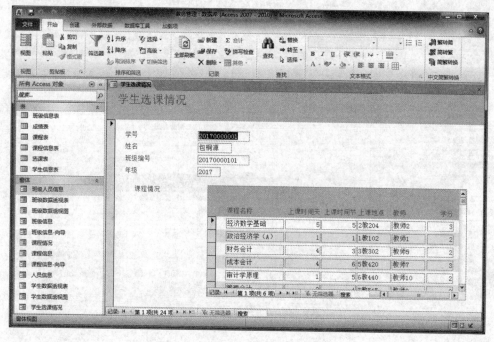

图 4-24　"学生选课情况"主子窗体

四、注意事项

利用窗体向导创建主子窗体，在"查看数据方式"对话框中，可以通过预览不同的查看方式选择正确的查看方式。

实验 4-3　使用设计视图创建窗体

一、实验目的

1. 掌握在设计视图中创建单一窗体的方法；
2. 掌握利用设计视图创建主子窗体的方法；
3. 掌握在窗体中添加控件的方法；
4. 掌握窗体的常用属性和常用控件属性的设置。

二、实验任务及步骤

任务 1：在设计视图中，以"学生信息表"的备份表"学生信息表 1"为数据源创建"学生信息-设计"窗体。

操作步骤：

（1）在"导航"窗格中，选中"学生信息表"，单击"文件"选项卡中的"对象另存为"按钮，弹出"另存为"对话框,在"另存为"文本框中输入"学生信息表 1",保存类型为"表",单击"确定"按钮,如图 4-25 所示。

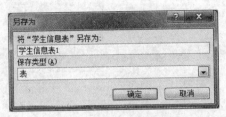

图 4-25 "另存为"对话框

(2)单击"创建"选项卡中"窗体"组上的"窗体设计"按钮,打开窗体的"设计视图",默认显示"主体"节。单击 按钮,即可显示出该窗体的"属性表"。

(3)在窗体"属性表"的"数据"选项卡中"记录源"右边的下拉列表框中指定"学生信息表 1"为数据源,如图 4-26 所示。

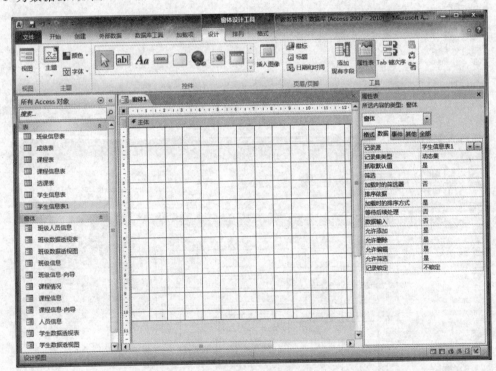

图 4-26 属性表

(4)单击"窗体设计工具/设计"选项卡"工具"组中的"添加现有字段"按钮,显示出记录源的"字段列表"窗格(单击此窗格上的"显示所有表"可以看到其他表的可用字段。单击"添加现有字段"按钮,可以切换"字段列表"窗格的显示和隐藏),如图 4-27 所示。

(5)按住 Ctrl 键选中所需字段,再按住鼠标左键不放直接将字段拖动到设计视图的"主体"节,如图 4-28 所示。

(6)单击快速访问工具栏上的"保存"按钮 ,会弹出"另存为"对话框,在窗体名称中输入"学生信息-设计",单击"确定"按钮。

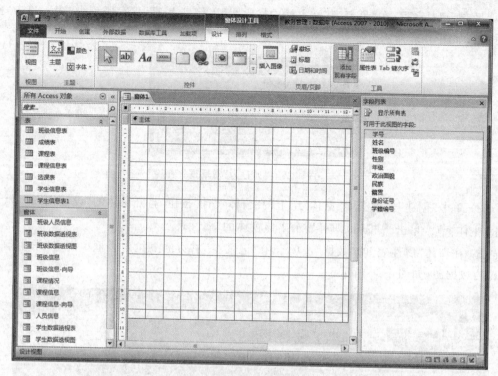

图 4-27　窗体设计视图及字段列表

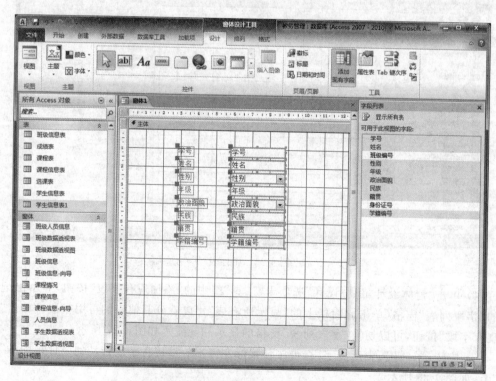

图 4-28　窗体的设计视图设计

（7）单击"窗体设计工具/设计"选项卡上的"视图"按钮，选择"窗体视图"即可看到"学生信息-设计"窗体的效果，如图 4-29 所示。

图 4-29 "学生信息-设计"窗体

任务 2：利用设计视图，以"课程信息"和"选课信息"窗体为数据源，创建"课程信息"主子窗体。

操作步骤：

（1）打开"教务管理.accdb"数据库，在"导航"窗格中选择"窗体"对象，右击"课程信息"窗体，在弹出的快捷菜单中选择"设计视图"，打开"课程信息"窗体的设计视图，如图 4-30 所示。

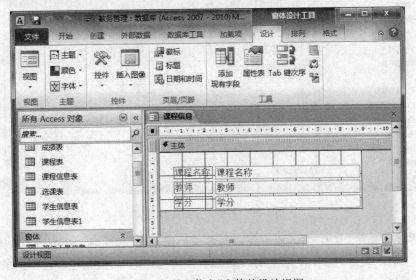

图 4-30 "课程信息"窗体的设计视图

（2）右击"主体"节的空白处，在弹出的快捷菜单中选择"窗体页眉/页脚"，如图 4-31 所示。

图 4-31　右击"主体"节空白处弹出其快捷菜单

（3）将"主体"节上 3 个字段的标签剪切粘贴到"窗体页眉"节相应位置，并调整"主体"节上 3 个字段的文本框到相应位置与其对应的标签对齐，如图 4-32 所示。

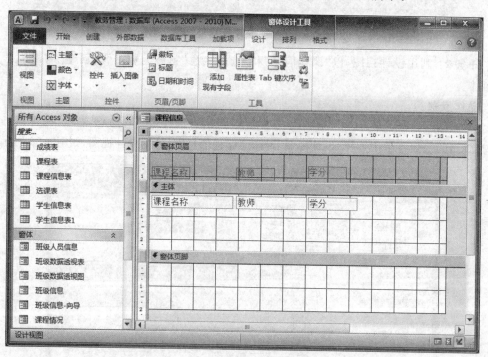

图 4-32　调整各字段控件位置

（4）将鼠标放在"主体"节下面出现双向箭头的图标后，单击拖动鼠标将"主体"节拉到适当大小。确保"设计"选项卡上"控件"组中的"使用控件向导"按钮已经按下。单击"控件"组中的"子窗体/子报表"按钮，如图 4-33 所示。再单击"主体"节下半部分空白位置的适当处,并按住鼠标左键往右下角方向拖动鼠标到适当位置,弹出"子窗体向导"对话框,如图 4-34 所示。

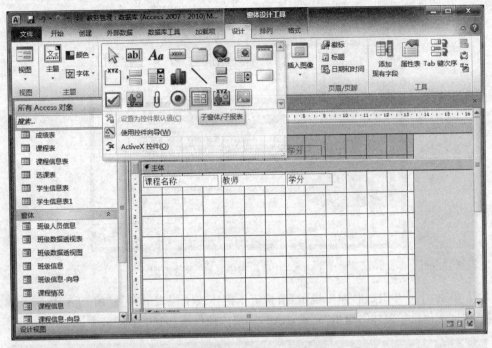

图 4-33 选择"子窗体/子报表"控件

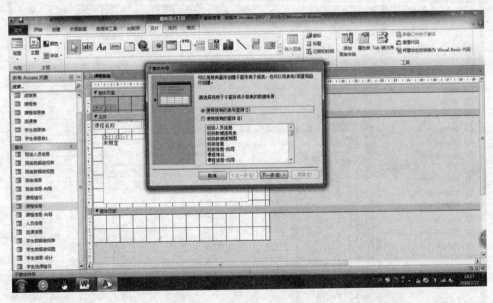

图 4-34 "子窗体向导"对话框

(5)在"请选择将用于子窗体或子报表的数据来源"的"子窗体向导"对话框中,选择"使用现有的窗体"单选按钮,单击窗体列表中的"选课信息"窗体项(该窗体反白显示)。

(6)单击"下一步"按钮,弹出提示"请确定是自行定义将主窗体链接到该子窗体的字段,还是从下面的列表中进行选择"的"子窗体向导"对话框,单击该对话框中的"从列表中选择"单选按钮,选中列表中的"对 ＜SQL 语句＞ 中的每个记录用 课程名称 显示 选课表"项(该项呈反白显示),如图 4-35 所示。

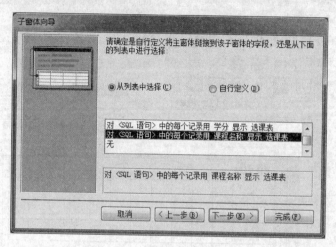

图 4-35　选中"从列表中选择"单选按钮

(7) 单击"下一步"按钮,弹出提示"请指定子窗体或子报表的名称"的"子窗体向导"对话框,输入"选课信息子窗体",单击"完成"按钮,子窗体控件添加到"主体"节中,如图 4-36 所示。

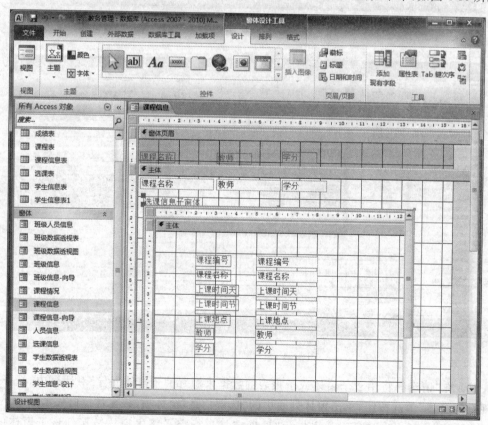

图 4-36　插入子窗体后的设计视图

（8）单击"窗体设计工具/设计"选项卡上的"视图"按钮,选择"窗体视图"即可看到"课程信息"主子窗体的效果,如图 4-37 所示。

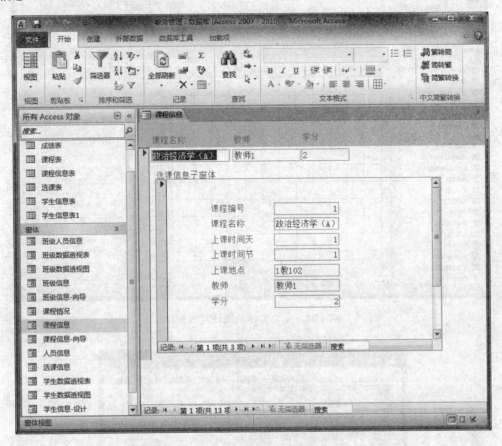

图 4-37 "课程信息"主子窗体

任务 3：创建两个相关的窗体：一个是用于打开主窗体的启动窗体"选择选课课程",一个是主窗体"选课信息"。在启动窗体的组合框中选择一个课程编号,单击"确定"按钮则弹出与之相对应的"选课信息"主窗体,单击"退出"按钮则关闭窗体。

操作步骤：

（1）打开"教务管理.accdb"数据库,在"导航"窗格中选择"窗体"对象,单击"创建"选项卡上"窗体"组中的"窗体设计"按钮,打开一个空白窗体的设计视图窗口,如图 4-38 所示。

（2）调整一下"主体"节的大小,再添加一个组合框控件。单击"窗体设计工具/设计"选项卡上的"控件"组选定"组合框"控件,单击"主体"节中的合适位置,弹出"组合框向导"对话框,如图 4-39 所示。

（3）选中"使用组合框获取其他表或查询中的值"单选按钮,单击"下一步"按钮。

（4）在弹出的"请选择为组合框提供数值的表或查询"组合框向导中,选择"视图"框中的"表"单选按钮,在列表中选定"表：课程信息表",单击"下一步"按钮。

（5）从"可用字段"列表中选定"课程编号"字段,将其添加到"选定字段"列表中,单击"下一步"按钮。

（6）在弹出的"请确定要为列表框中的项使用的排序次序"组合框向导中,将"课程编

74

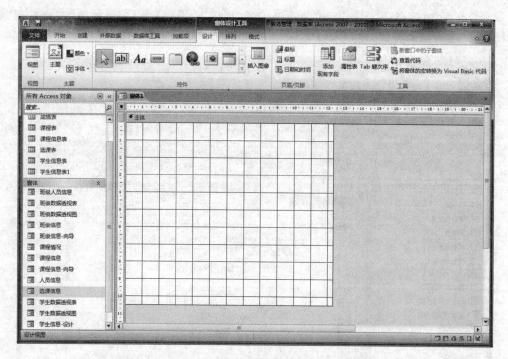

图 4-38　空白窗体的设计视图窗口

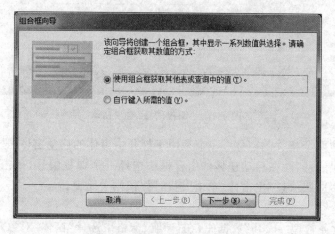

图 4-39　"组合框向导"对话框

号"按升序排序,单击"下一步"按钮。

(7) 直接单击"下一步"按钮,在"请为组合框指定标签:"文本框内输入"请选择课程的编号:"文本内容,单击"完成"按钮,返回窗体设计视图,如图 4-40 所示。

(8) 添加"确定"按钮。单击"窗体设计工具/设计"选项卡上的"控件"组的"命令按钮"控件,再单击"主体"节中的合适位置,打开"命令按钮向导"对话框。如图 4-41 所示。

(9) 在"类别"列表中选择"窗体操作",在"操作"列表中选择"打开窗体",单击"下一步"按钮。

(10) 在"请确定命令按钮打开的窗体"列表中选择"选课信息",单击"下一步"按钮。

(11) 单击选中"打开窗体并查找要显示的特定数据"单选按钮,如图 4-42 所示,单击"下一步"按钮。

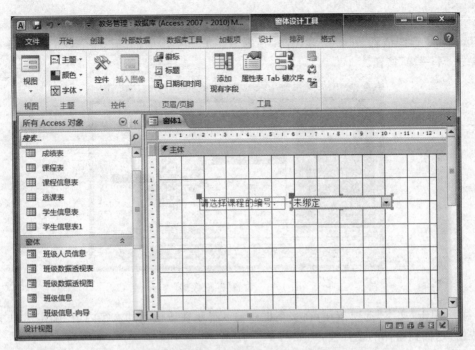

图 4-40　添加"组合框"控件的窗体设计视图

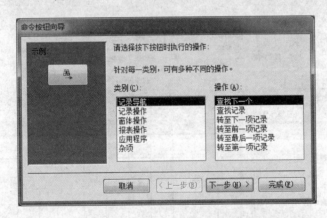

图 4-41　"命令按钮向导"对话框

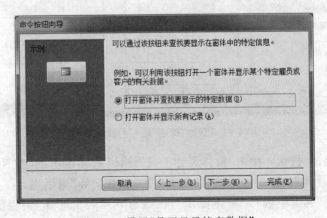

图 4-42　设置"是否显示特定数据"

（12）在"请指定含有待建按钮用以查阅信息所用匹配数据的字段"的"窗体1"列表中选择 Combo0，"选课信息"列表中选择"课程编号"，最后单击中间的"<->"按钮，如图 4-43 所示，单击"下一步"按钮。

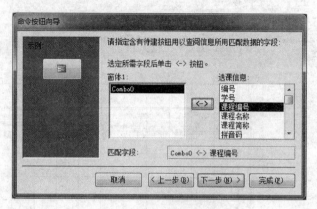

图 4-43　设置"匹配数据"

（13）单击"文本"选项按钮，在文本框中输入显示在按钮上的文字内容"确定"，单击"完成"按钮，返回到窗体的设计窗口，如图 4-44 所示。

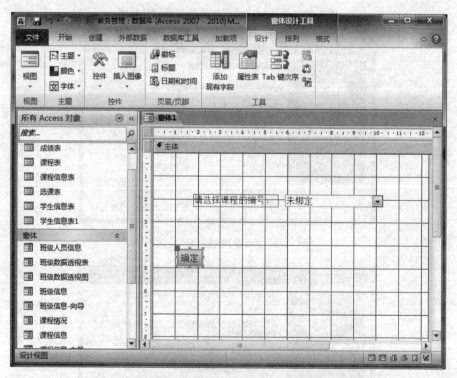

图 4-44　添加"确定"按钮的设计视图

（14）添加"退出"按钮。单击"窗体设计工具/设计"选项卡上的"控件"组选择"命令按钮"控件，再单击"主体"节中的合适位置，打开"命令按钮向导"对话框。

（15）在"类别"列表中选择"窗体操作"，在"操作"列表中选择"关闭窗体"，单击"下一步"按钮。

(16) 单击"文本"选项按钮,在文本框中输入显示在按钮上的文字内容"退出",单击"完成"按钮,返回到窗体的设计窗口。

(17) 单击快速访问工具栏上的"保存"按钮 ▣ ,弹出"另存为"对话框,在窗体名称中输入"选择选课课程",单击"确定"按钮。

(18) 单击"窗体设计工具/设计"选项卡上的"视图"按钮,选择"窗体视图"即可看到"选择选课课程"窗体的效果,如图 4-45 所示。例如选择一个课程编号为 2,单击"确定"按钮,即可打开显示编号为 2 的"选课信息"窗体,如图 4-46 所示。

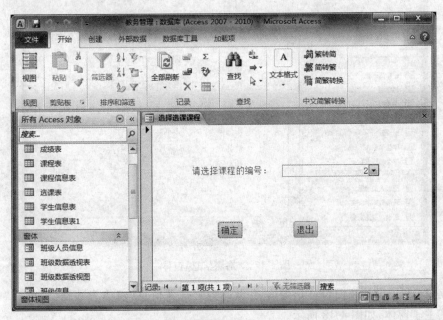

图 4-45 "选择选课课程"窗体

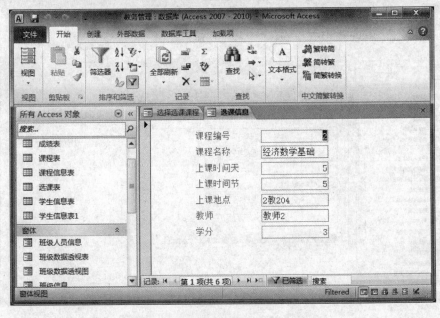

图 4-46 课程编号为 2 的"选课信息"窗体

三、学生操作训练

任务 1：在设计视图中，以"选课表"为数据源创建"选课信息"窗体，如图 4-47 所示。

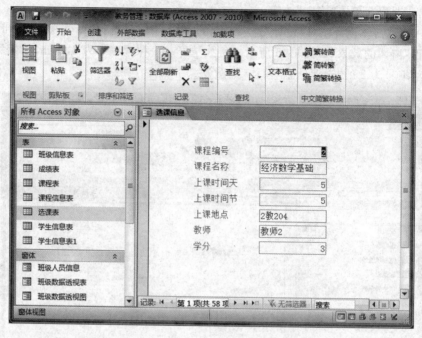

图 4-47 "选课信息"窗体

任务 2：利用设计视图，以"学生信息-设计"和"选课信息"窗体为数据源，创建"学生信息-设计"主子窗体，如图 4-48 所示。

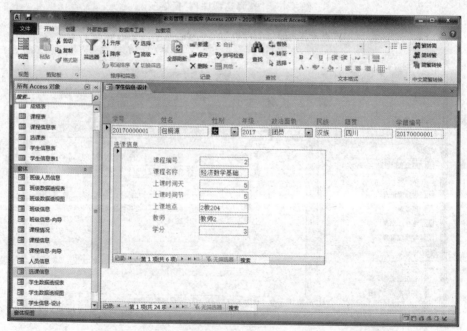

图 4-48 "学生信息-设计"主子窗体

任务 3：使用设计视图创建"输入课程信息"窗体，用来输入课程的基本信息，如图 4-49 所示。

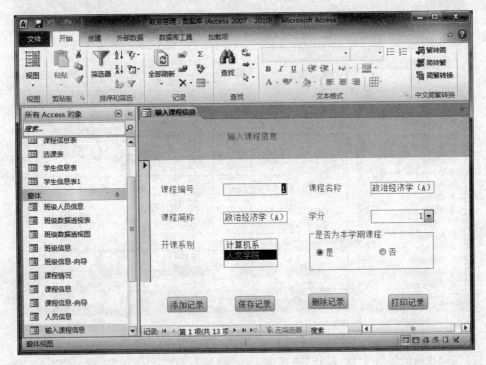

图 4-49 "输入课程信息"窗体

四、注意事项

1. 在设计视图创建窗体的操作中，注意属性表和字段列表弹出的方法。

2. 在设计视图中添加带有向导的控件，一定要确保"设计"选项卡上"控件"组中的"使用控件向导"按钮已经按下，否则无法弹出相应的控件向导对话框。

实验 4-4 美 化 窗 体

一、实验目的

1. 掌握"窗体设计工具/设计"选项卡上功能按钮的使用；

2. 掌握"窗体设计工具/排列"选项卡上功能按钮的使用；

3. 掌握"窗体设计工具/格式"选项卡上功能按钮的使用。

二、实验任务及步骤

任务 1：利用"窗体设计工具/设计"选项卡上的功能按钮，在实验 4-3 学生操作训练中任务 3 的"输入课程信息"窗体的"窗体页眉"节插入图片、美化标题、设置日期和时间。

操作步骤：

（1）打开"教务管理.accdb"数据库，在"导航"窗格中选择"窗体"对象，右击"输入课程信息"窗体，在弹出的快捷菜单中选择"设计视图"，结果如图 4-50 所示。

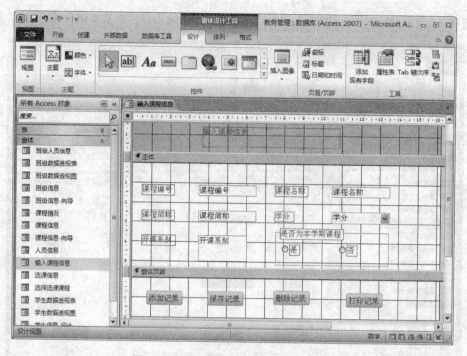

图 4-50　"输入课程信息"窗体设计视图

　　（2）单击"窗体设计工具/设计"选项卡上的"控件"组选定"图像"控件，如图 4-51 所示，然后在"窗体页眉"节适当位置单击，弹出"插入图片"对话框，如图 4-52 所示，浏览找到要插入的图片"校徽.jpg"文件，单击"确定"按钮，即可在"窗体页眉"节插入一个图片。

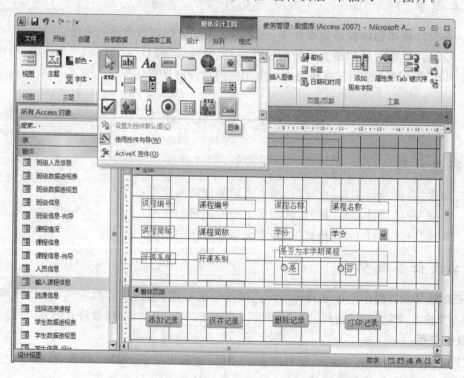

图 4-51　"图像"控件

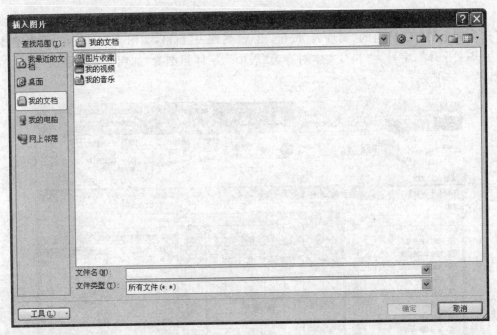

图 4-52 "插入图片"对话框

（3）或者单击"插入图像"按钮下的"浏览"命令，会弹出一个"插入图片"对话框，浏览找到要插入的图片"校徽.jpg"文件，单击"确定"按钮。再在"窗体页眉"节适当位置单击，即可完成插入图片操作，如图 4-53 所示。

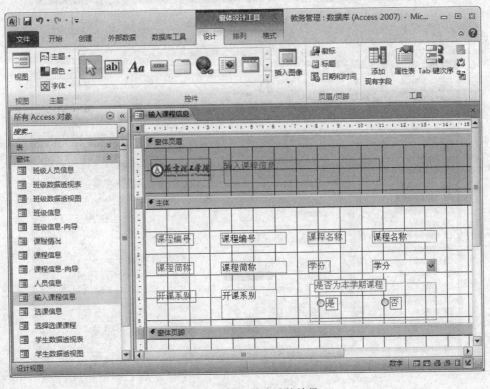

图 4-53 插入图片后的效果

（4）单击"窗体页眉"节上的内容为"输入课程信息"的标签，再单击"窗体设计工具/设计"选项卡上的"工具"组的"属性表"按钮，出现"属性表"窗格，如图 4-54 所示。设置字体名称为"华文楷体"，字号为"20"，文本对齐为"居中"，字体粗细为"加粗"，前景色为"黑色"，效果如图 4-55 所示。

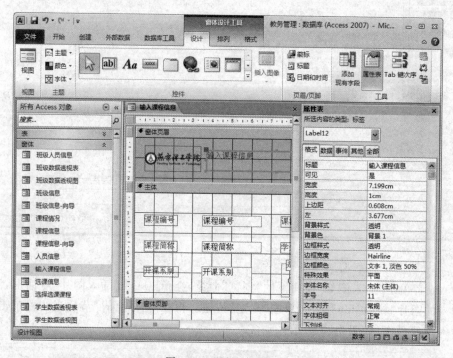

图 4-54 "属性表"窗格

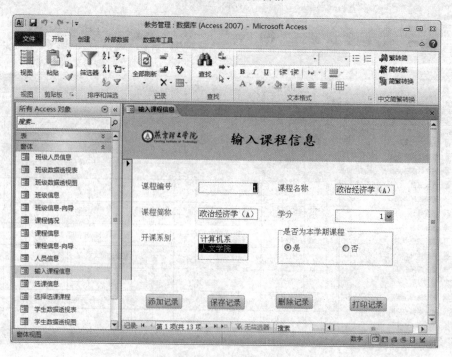

图 4-55 美化标题后的效果

（5）单击"窗体设计工具/设计"选项卡上的"控件"组选定"文本框"控件，然后在"窗体页眉"节适当位置单击，单击控件向导上的"取消"按钮，然后选中"文本框"控件前的"标签"控件删除，如图 4-56 所示。在显示"未绑定"文本框中输入"＝Date()"，切换到窗体视图，效果如图 4-57 所示。

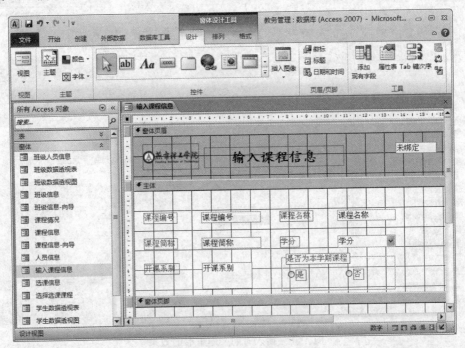

图 4-56　插入"文本框"控件

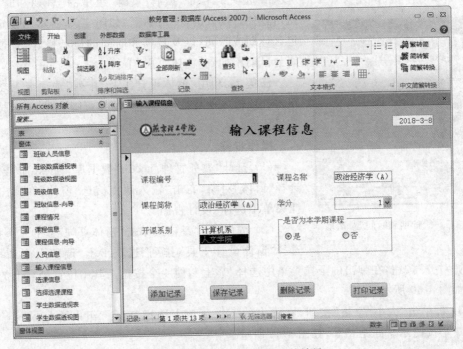

图 4-57　插入日期文本框后的效果

（6）参考第（5）步，在"窗体页眉"节再插入一个"文本框"控件，删除"标签"控件后，在文本框内输入"＝Time()"，切换到窗体视图，效果如图 4-58 所示。

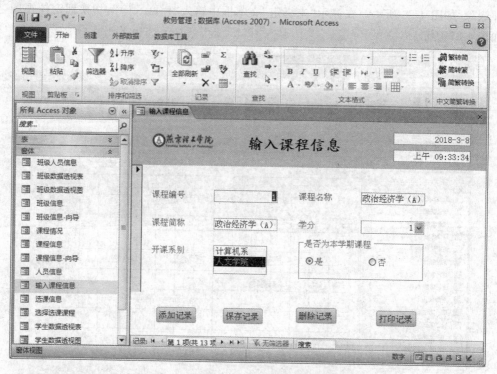

图 4-58　插入时间文本框后的效果

（7）或者单击"窗体设计工具/设计"选项卡上的"页眉/页脚"组中的"日期和时间"按钮，弹出"日期和时间"对话框，如图 4-59 所示。设定是否包含日期或时间，以及日期和时间的显示格式，日期和时间会自动添加到"窗体页眉"节。

任务 2：利用"窗体设计工具/排列"选项卡上功能按钮，调整"输入课程信息"窗体"窗体页脚"节的 4 个按钮的布局。

操作步骤：

（1）打开"教务管理.accdb"数据库，在"导航"窗格中选择"窗体"对象，右击"输入课程信息"窗体，在弹出的快捷菜单中选择"设计视图"。

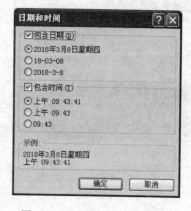

图 4-59　"日期和时间"对话框

（2）按住 Ctrl 键依次单击"窗体页脚"节的 4 个按钮，选择"窗体设计工具\排列"选项卡上"调整大小和排序"组上的"对齐"按钮，在弹出的下拉菜单中选择"靠上"，使 4 个按钮与其中位置最靠上的按钮对齐，如图 4-60 所示。

（3）再单击"大小/空格"按钮，在弹出的下拉菜单中选择"间距"组中的"水平相等"命令，使 4 个按钮水平间距相等，如图 4-61 所示。

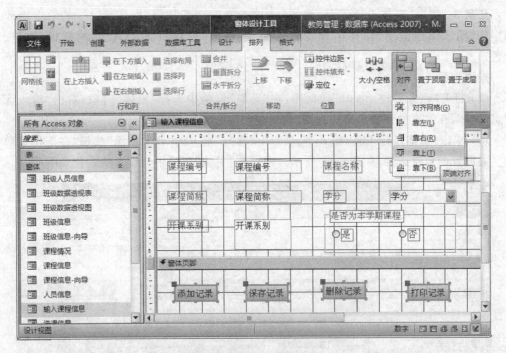

图 4-60　设置按钮的对齐位置

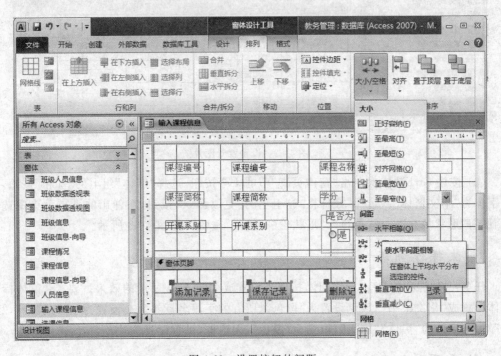

图 4-61　设置按钮的间距

（4）参见图 4-61，单击"大小/空格"按钮，在弹出的下拉菜单中选择"大小"组中的"至最宽"命令，使 4 个按钮与其中最宽的按钮大小一样。

任务3：利用"窗体设计工具/格式"选项卡上的功能按钮，在实验4-3的学生操作训练中的"输入课程信息"窗体上设置背景图片，调整"窗体页脚"上按钮的形状、边框、背景色。

操作步骤：

（1）打开"教务管理.accdb"数据库，在"导航"窗格中选择"窗体"对象，右击"输入课程信息"窗体，在弹出的快捷菜单中选择"设计视图"。

（2）单击"窗体设计工具/格式"选项卡上"背景"组上的"背景图像"按钮，在下拉菜单中选择要设置的背景图片，如图4-62所示。即可在"主体"节的中间位置插入背景图片。

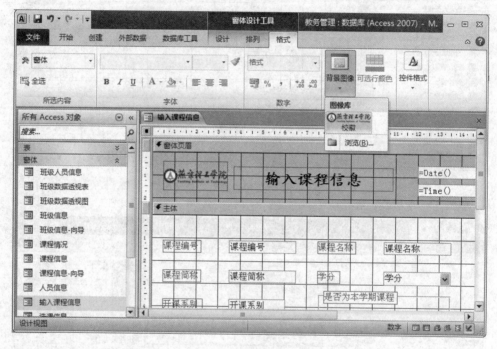

图 4-62　设置背景图片

（3）按住 Ctrl 键依次单击"窗体页脚"节的4个按钮，选择"字体"组上的"加粗"按钮，设置字体为"华文楷体"。选择"控件格式"组上的"更改形状"按钮，在弹出的下拉菜单中选择"椭圆"，"形状填充"选择"黄色"，"形状轮廓"选择"透明"，如图4-63所示。

三、学生操作训练

任务：将"课程信息-向导"窗体，按要求设置成如图4-64所示的效果。要求：窗体标题字体设置成"华文隶书"，颜色设置为"黑色"，所有的字段名标签大小设置为"正好容纳"，"靠上"对齐，字体为"黑体""加粗"，填充为"黑色"，无边框，设置背景图片。

四、注意事项

控件的位置调整，可以通过在窗体的设计视图右击控件，在弹出的快捷菜单中选择相应的命令。多个控件的选择可以通过鼠标圈中，也可以按住 Ctrl 键依次用鼠标选中。

图 4-63　设置按钮的格式

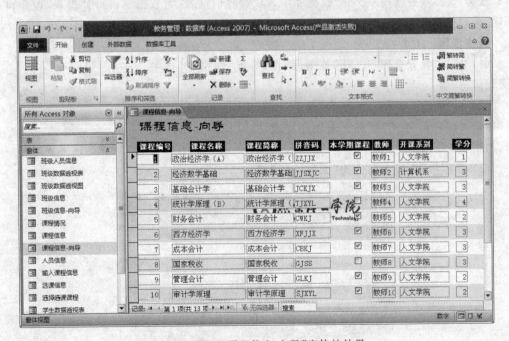

图 4-64　设置"课程信息-向导"窗体的效果

第5章　　报　表

实验5-1　自动创建报表

一、实验目的

1. 了解报表布局，理解报表的概念和功能；
2. 掌握自动创建报表的方法。

二、实验任务及步骤

任务：在"教务管理.accdb"数据库中，以"课程信息表"为数据源，使用"报表"按钮自动创建"课程信息表"报表。

操作步骤：

(1) 打开"教务管理.accdb"数据库，在"导航"窗格中，选中"课程信息"表。

(2) 在"创建"选项卡的"报表"组中，如图5-1所示，单击"报表"按钮，"课程信息表"报表立即创建完成，并且切换到布局视图，如图5-2所示。

(3) 保存报表，报表名称为"课程信息表"。

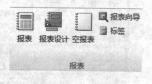

报表向导
标签
报表
报表设计
空报表
报表

图5-1　报表组

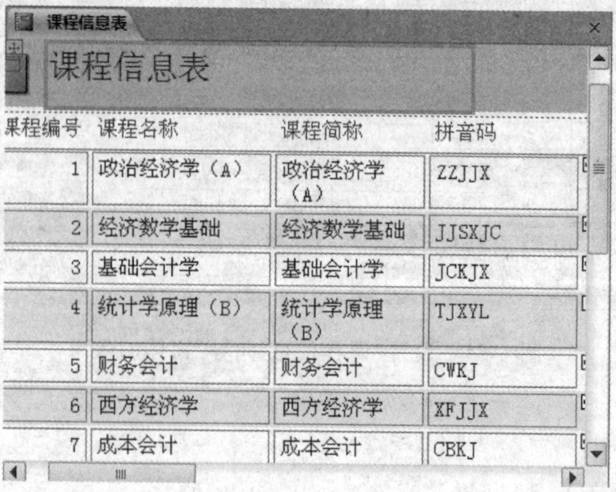
课程信息表
课程信息表
课程编号
课程名称
课程简称
拼音码
1
政治经济学（A）
政治经济学（A）
ZZJJX
2
经济数学基础
经济数学基础
JJSXJC
3
基础会计学
基础会计学
JCKJX
4
统计学原理（B）
统计学原理（B）
TJXYL
5
财务会计
财务会计
CWKJ
6
西方经济学
西方经济学
XFJJX
7
成本会计
成本会计
CBKJ

图5-2　"课程信息表"报表

三、学生操作训练

任务：以"课程表"为数据源，使用"报表"按钮自动创建"课程表"报表。

四、注意事项

在使用"报表"按钮创建报表时，一定要先选中数据源表或查询，"报表"按钮方可选中；否则，"报表"按钮显示灰色不可用状态。

实验 5-2　使用向导创建报表

一、实验目的

1. 掌握使用"报表向导"创建报表的方法；
2. 学习在 Access 中使用向导创建基于多个数据源的报表。

二、实验任务及步骤

任务 1：使用"报表向导"创建以"选课表"为数据源的"选课表"报表。

操作步骤：

(1) 打开"教务管理.accdb"数据库，在"导航"窗格的表对象列表中，选择"选课表"。

(2) 在"创建"选项卡的"报表"组中，单击"报表向导"按钮，打开"请确定报表上使用哪些字段"界面，这时数据源已经选定为"表：选课表"（在"表/查询"下拉列表中也可以选择其他数据源），单击 >> 按钮即可将"可用字段"窗格中的全部字段移到"选定字段"窗格中，如图 5-3 所示。

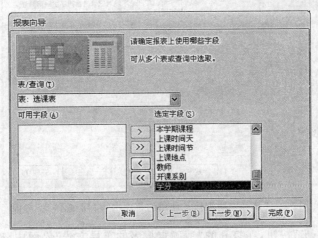

图 5-3　确定报表上使用哪些字段

(3) 单击"下一步"按钮，在打开的"是否添加分组级别"界面中，自动给出分组级别，并给出分组后报表布局预览。这里是按"学号"字段分组（这是由于学生表与选课成绩之间建立的一对多关系所决定的，否则就不会出现自动分组，而需要手工分组），如图 5-4 所示。

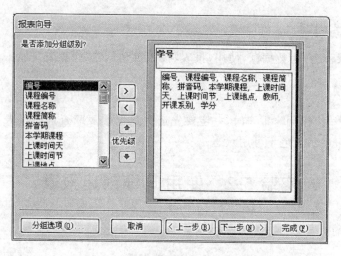

图 5-4 "是否添加分组级别"界面

如果需要再按其他字段进行分组，可以直接双击左侧窗格中的用于分组的字段或者选中该字段单击右移按钮 > ，取消对某个字段的分组则需选中该字段，并单击左移按钮 < 。当有多个分组字段时还可以单击优先级的上下箭头调整分组的优先级级别。

（4）单击"下一步"按钮，打开"请确定明细信息使用的排序次序和汇总信息"界面，如图 5-5 所示，这里选择按"学分"升序排序，单击"汇总选项"按钮，弹出如图 5-6 所示的"汇总选项"对话框，选定"学分"的"汇总"复选框，汇总学分合计，单击选中"明细和汇总"单选按钮，再单击"确定"按钮。

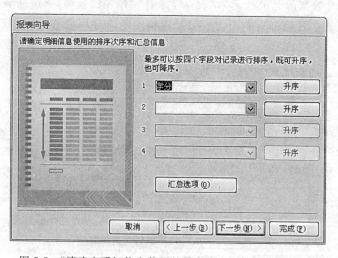

图 5-5 "请确定明细信息使用的排序次序和汇总信息"界面

（5）单击"下一步"按钮，在打开的"请确定报表的布局方式"界面中，确定报表所采用的布局方式。这里选择"块"布局，方向选择"纵向"，如图 5-7 所示。

（6）单击"下一步"按钮，在打开的"请为报表指定标题"界面中，指定报表的标题，输入"选课表"，单击选中"预览报表"单选按钮。

（7）单击"完成"按钮，弹出如图 5-8 所示的打印预览效果。

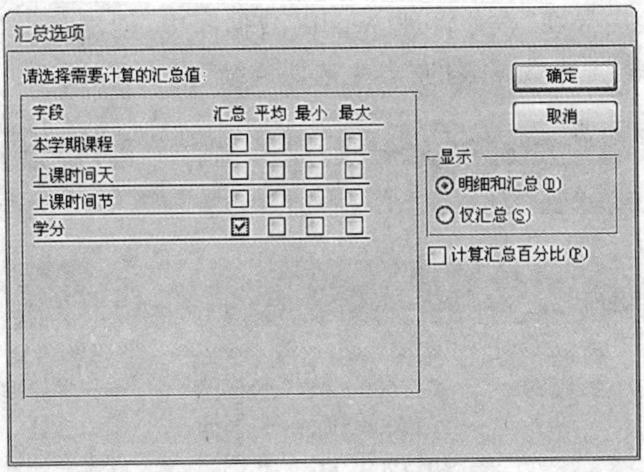

图 5-6 "汇总选项"对话框

图 5-7 "请确定报表的布局方式"界面

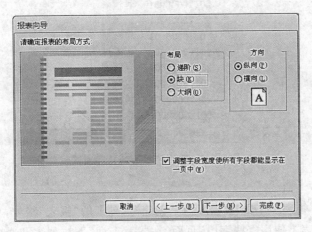

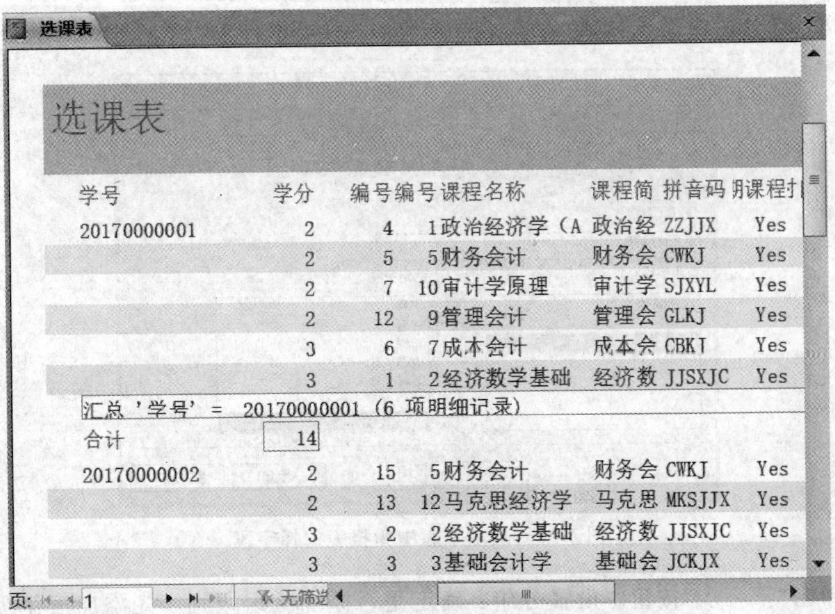

图 5-8 "选课表"报表的打印预览效果图

任务 2：使用报表向导在"教务管理.accdb"数据库中，创建基于"学生信息表""班级信息表""选课表""成绩表"4 张数据表的"学生选课成绩"报表，如图 5-9 所示。

图 5-9　"学生选课成绩"报表的打印预览效果图

操作步骤：

（1）打开"教务管理.accdb"数据库，在"创建"选项卡的"报表"组中，单击"报表向导"按钮，打开"请确定报表上使用哪些字段"页面，在"表/查询"下拉列表和对应的"可用字段"窗格中依次选择"学生信息表"中的学号、姓名，"班级信息表"中的年级、班级名称，"选课表"中的课程名称、学分，"成绩表"中的成绩字段到"选定字段"窗格中，如图 5-10 所示。

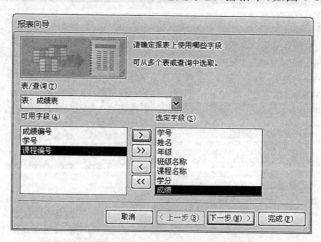

图 5-10　从多个表中为报表选择字段

（2）单击"下一步"按钮。设置分组：确定是否添加分组级别。先添加按年级分组，再添加按班级名称分组，如图 5-11 所示，单击"下一步"按钮。

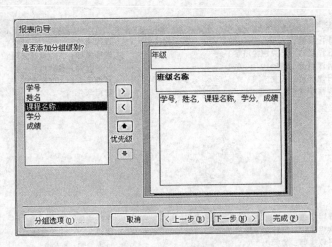

图 5-11 添加分组级别

（3）设置记录的排序次序。设置以学号升序排序，单击"下一步"按钮。

（4）选择一种报表布局形式：如图 5-7 所示，设置布局为"块"，页面方向为"纵向"，然后单击"下一步"按钮。

（5）输入新建报表标题——"学生选课成绩"，单击"完成"按钮，保存此报表。并同时打开如图 5-9 所示的打印预览效果。

三、学生操作训练

任务：使用报表向导创建一个基于"学生信息表"所有字段的"学生信息报表"。

四、注意事项

使用向导创建报表较为简单，一般情况下，可以先用向导创建一个报表，然后再用设计视图对其进行美化修改。

实验 5-3 创建标签报表

一、实验目的

学习在 Access 中使用标签创建标签报表。

二、实验任务及步骤

任务：以"课程信息表"为数据源，制作如图 5-12 所示的标签报表。

操作步骤：

（1）打开"教务管理. accdb"数据库，先选择数据源。在"导航"窗格中选中"课程信息表"，单击"创建"选项卡下"报表"组中的"标签"按钮，弹出如图 5-13 所示的"标签向导"的第 1 个对话框。

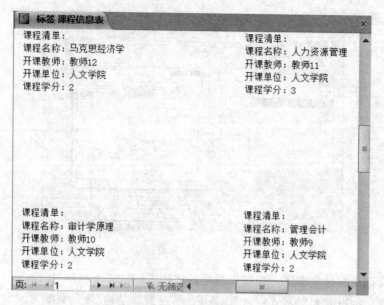

图 5-12　标签报表

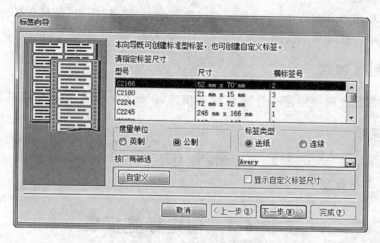

图 5-13　选择标签类型

　　（2）在打开的"标签向导"的第 1 个对话框中指定标签的型号、尺寸和类型。如果系统预设的尺寸不符合要求，可以通过"自定义"按钮来自定义标签的尺寸。这里选择系统默认的第一种形式，型号 C2166。横标签号 2 表示横向打印的标签个数是 2。然后单击"下一步"按钮。

　　（3）在弹出的如图 5-14 所示的"标签向导"的第 2 个对话框中设置标签文本的字体和颜色。本例选择默认的设置。

　　（4）单击"下一步"按钮，在"标签向导"的第 3 个对话框中确定标签的显示内容及布局。标签中的内容可来自左侧的字段值，也可直接添加文字。本例选择"课程名称""教师""开课系别""学分"4 个字段发送到"原型标签"窗格中，并在"原型标签"窗格中直接输入"课程清单"等文字，布局如图 5-15 所示。

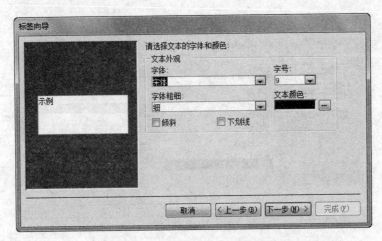

图 5-14　设置标签文本的格式

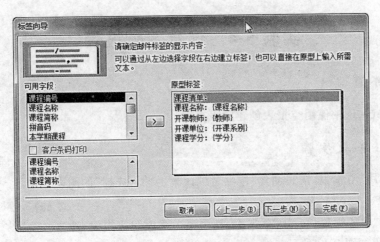

图 5-15　确定标签的内容和布局

　　"原型标签"窗格是个文本编辑器,在该窗格中可以对添加的字段和文本进行修改、删除等操作,如要删除输入的内容,用退格键即可。

　　(5)单击"下一步"按钮,在弹出的如图 5-16 所示的"标签向导"对话框中选择排序字段,本例选择"开课系别"字段进行排序。

　　(6)单击"下一步"按钮,在弹出的对话框中输入标签的名称。本例设置为"标签 课程信息表",然后单击"完成"按钮,屏幕将显示创建好的标签,如图 5-12 所示。如果对最终效果不满意还可以切换到设计视图中进行修改。

三、学生操作训练

　　任务:以"班级信息表"为数据源创建一个"班级信息卡"标签。

四、注意事项

　　创建好的标签报表也可以在设计视图中修改标签控件的大小。

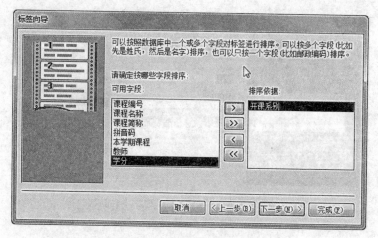

图 5-16　选择标签排序字段

实验 5-4　创建图表报表

一、实验目的

学习在 Access 中使用空报表创建图表报表。

二、实验任务及步骤

任务： 使用"空报表"按钮创建"按姓名统计学生平均成绩"的图表报表。

操作步骤：

（1）打开"教务管理.accdb"数据库，利用第 3 章查询的知识，建立一个"学生选课成绩"查询，查询结果如图 5-17 所示。

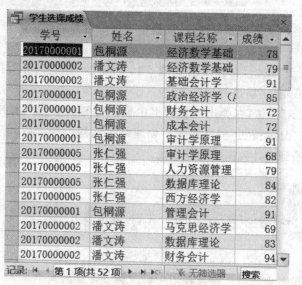

图 5-17　"学生选课成绩"查询

（2）在"导航"窗格的查询对象列表中，选中刚刚建立的"学生选课成绩 查询"，在"创建"选项卡的"窗体"组中，选择"其他窗体"按钮下的"数据透视图"命令创建"窗体"，并打开刚刚创建的"学生选课成绩 查询"字段列表，把"姓名"拖到"将分类字段拖至此处"；将"成绩"拖到"将数据字段拖至此处"，并且在"成绩"选项处右击，在弹出的快捷菜单中选择"自动计算"列表中的"平均值"命令，将成绩统计成平均值，如图 5-18 所示。保存此窗体为"按姓名统计学生平均成绩"。

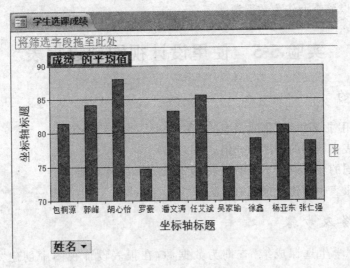

图 5-18 "学生选课成绩"查询数据透视图窗体

（3）单击"创建"选项卡下"报表"组中的"空报表"按钮，打开空报表设计窗口，将"导航"窗格中的"按班级统计学生平均成绩"数据透视图窗体拖放到空白表中，调整其大小，如图 5-19 所示，保存即可。

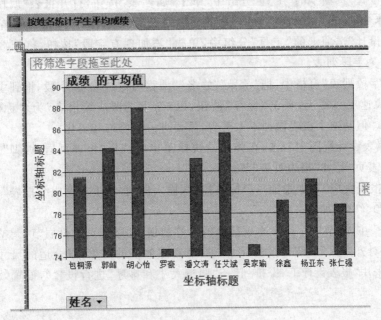

图 5-19 空报表设计的数据透视图报表

三、学生操作训练

任务：使用"空报表"按钮创建"按课程名称统计学生平均成绩"的图表报表。

四、注意事项

若图表中所需要的字段基于多个数据表时，可以先创建一个简单查询，将所需字段放在一个查询中，再以该查询作为数据源。

实验 5-5 使用设计视图创建报表

一、实验目的

1. 掌握使用"报表设计"创建报表的方法；
2. 掌握报表中数据的排序和分组；
3. 根据不同的要求设计不同的报表，实现显示和统计功能；
4. 掌握在报表中创建子报表的方法。

二、实验任务及步骤

任务 1：以"学生选课成绩"查询为数据源，在报表设计视图中创建"学生选课成绩报表"。

操作步骤：

（1）打开"教务管理.accdb"数据库，在"创建"选项卡的"报表"组中，单击"报表设计"按钮，打开报表设计视图。这时报表的"页面页眉/页脚"和"主体"节同时都出现。

（2）在"设计"选项卡的"工具"分组中，单击"属性表"按钮，打开报表"属性表"窗口，在"数据"选项卡中，单击"记录源"属性右侧的下拉列表，从中选择"学生选课成绩"查询。

（3）在"设计"选项卡的"工具"分组中，单击"添加现有字段"按钮，打开"字段列表"窗格，并显示相关字段列表。

（4）在"字段列表"窗格中，把"学号""姓名""课程名称""成绩"字段，拖到主体节中。

（5）在快速工具栏上，单击"保存"按钮，以"学生选课成绩报表"为名称保存报表，如图 5-20 所示。但是这个报表设计不太美观，需要进一步修饰和美化。

（6）在报表设计视图中右击，在弹出的快捷菜单中选择"报表页眉/页脚"，会在设计视图中添加"报表页眉"和"报表页脚"节。

（7）在"报表页眉"节中添加一个标签控件，输入标题"学生选课成绩报表"，并设置字体格式：字号 20、红色、加粗。

（8）选中"主体"节中字段文本框前面的标签剪切、粘贴到页面页眉节，调整各个控件的大小、位置及对齐方式等，调整报表页面页眉节和主体节的高度，以合适的尺寸容纳其中的控件（注：可采用"报表设计工具/排列"→"调整大小和排序"进行设置），设置效果如图 5-21 所示。

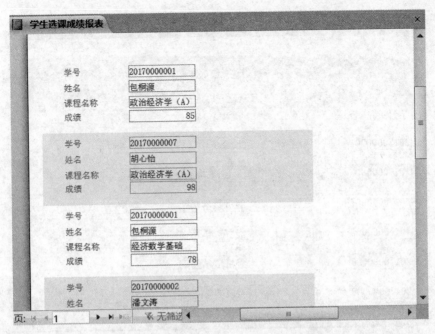

图 5-20 "学生选课成绩报表"打印预览视图

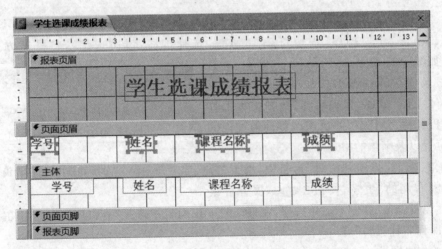

图 5-21 "学生选课成绩报表"设计视图效果

（9）单击"视图"组——"打印预览"，查看报表，如图 5-22 所示。

任务 2：对任务 1 所建"学生选课成绩报表"以"课程名称"进行分组，组内数据按成绩降序排列，并计算每门课程的平均成绩以及整个报表的总平均成绩，每组之间用直线分隔。

操作步骤：

（1）以设计视图模式打开"学生选课成绩报表"。

（2）单击"报表设计工具/设计"选项卡下"分组和汇总"组中"分组和排序"按钮，在报表设计视图下方打开的"分组、排序和汇总"窗格中添加了"添加组"和"添加排序"占位符。

图 5-22 "学生选课成绩报表"打印预览视图效果

(3) 单击"添加组"占位符 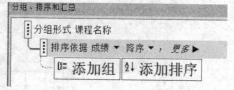 ，在展开的列表中选择分组字段"课程名称"，默认"升序"排序。单击"添加排序"占位符 ，选择排序字段"成绩"，将排序方式改为"降序"，如图 5-23 所示。

在报表的设计视图中添加了"课程名称页眉"节，将"主体"节中"课程名称"数据文本框移动到"课程名称页眉"节，并适当调整其他控件的大小和位置以及字体的格式等。

图 5-23 "分组和排序"窗格设置

(4) 在"分组、排序和汇总"窗格中，单击"分组形式"栏右侧的"更多"按钮 更多▶，展开分组栏，单击"无页脚节"右侧下三角按钮，在打开的下拉列表中选择"有页脚"节，这样在报表中添加了"课程名称页脚"节。

(5) 单击"报表设计工具/设计"选项卡下"控件"组中直线控件 ＼ ，在"课程名称页脚"节中添加一条直线，作为组间的分隔线（可以选中直线控件双击，打开其"属性表"，设置直线的颜色、宽度等）。

(6) 在"课程名称页脚"节直线下添加一个文本框控件，将其标签内容改为"平均成绩"，在文本框中输入公式"＝avg([成绩])"。

(7) 复制"课程名称页脚"节中的"平均成绩"文本框，粘贴到报表页脚中，将其标签改为"报表平均成绩"，如图 5-24 所示，打开文本框属性表，设置其小数位数为保留两位小数。

(8) 切换到"打印预览"视图查看报表的预览效果，如图 5-25 所示。

任务 3：以"学生信息表"为数据源使用自动创建报表，适当调整各控件的大小使其更美观，然后在该报表中插入一个名为"课程成绩"的子报表，显示学生相关的课程名称、学分及成绩。

图 5-24 "学生选课成绩报表"设计视图

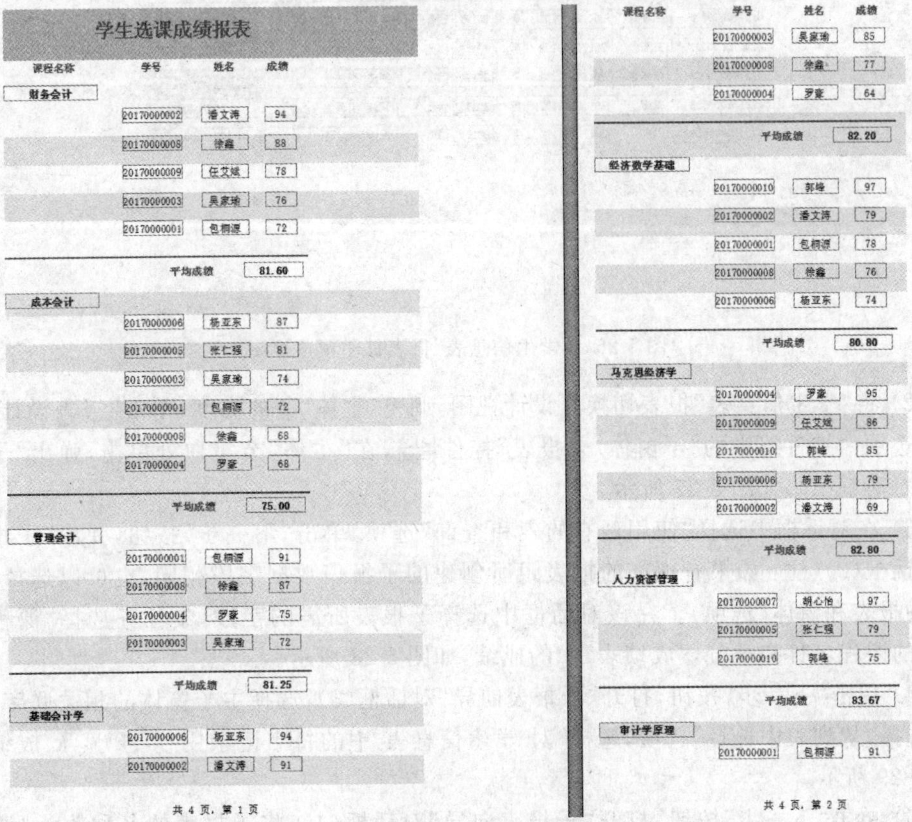

图 5-25 "学生选课成绩报表"打印预览视图

操作步骤：

(1) 打开“教务管理.accdb”数据库，选中“学生信息表”，单击“创建”选项卡报表组中的“报表”按钮，创建“学生信息表”报表，适当调整各控件的大小，使其如图 5-26 所示。

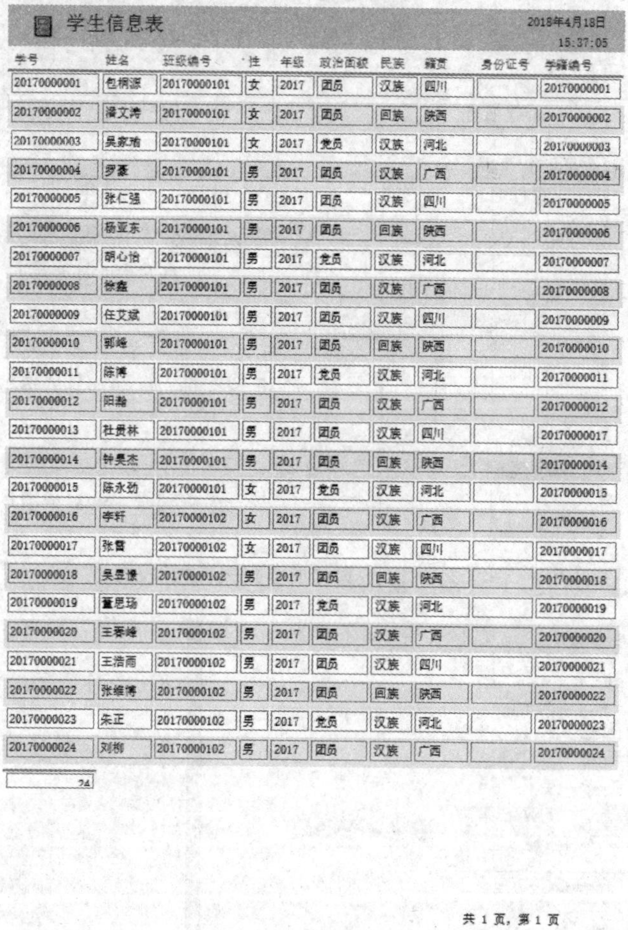

学生信息表　2018年4月18日 15:37:05

学号	姓名	班级编号	性	年级	政治面貌	民族	籍贯	身份证号	学籍编号
20170000001	包桐源	20170000101	女	2017	团员	汉族	四川		20170000001
20170000002	潘文涛	20170000101	女	2017	团员	回族	陕西		20170000002
20170000003	吴家瑜	20170000101	女	2017	党员	汉族	河北		20170000003
20170000004	罗豪	20170000101	男	2017	团员	汉族	广西		20170000004
20170000005	张仁强	20170000101	男	2017	团员	汉族	四川		20170000005
20170000006	杨亚东	20170000101	男	2017	团员	回族	陕西		20170000006
20170000007	胡心怡	20170000101	男	2017	党员	汉族	河北		20170000007
20170000008	徐鑫	20170000101	男	2017	团员	汉族	广西		20170000008
20170000009	任艾斌	20170000101	男	2017	团员	汉族	四川		20170000009
20170000010	郭峰	20170000101	男	2017	团员	回族	陕西		20170000010
20170000011	陈博	20170000101	男	2017	党员	汉族	河北		20170000011
20170000012	阳翰	20170000101	男	2017	团员	汉族	广西		20170000012
20170000013	杜贵林	20170000101	男	2017	团员	汉族	四川		20170000017
20170000014	钟昊杰	20170000101	男	2017	团员	回族	陕西		20170000014
20170000015	陈永劲	20170000101	女	2017	党员	汉族	河北		20170000015
20170000016	李轩	20170000102	女	2017	团员	汉族	广西		20170000016
20170000017	张蕾	20170000102	女	2017	团员	汉族	四川		20170000017
20170000018	吴昱憬	20170000102	男	2017	团员	回族	陕西		20170000018
20170000019	董思扬	20170000102	男	2017	党员	汉族	河北		20170000019
20170000020	王春峰	20170000102	男	2017	团员	汉族	广西		20170000020
20170000021	王浩雨	20170000102	男	2017	团员	汉族	四川		20170000021
20170000022	张维博	20170000102	男	2017	团员	回族	陕西		20170000022
20170000023	朱正	20170000102	男	2017	党员	汉族	河北		20170000023
20170000024	刘栩	20170000102	男	2017	团员	汉族	广西		20170000024

24

共 1 页，第 1 页

图 5-26　“学生信息表”报表打印预览视图

(2) 将“学生信息表”报表切换至设计视图，调整“主体”节的高度，单击“报表设计工具/设计”选项卡控件组中的“子窗体/子报表”控件，在“主体”节空白处单击，弹出“子报表向导”对话框(1)，如图 5-27 所示。

(3) 在对话框中选择“使用现有的表和查询”选项，单击“下一步”按钮，弹出“子报表向导”对话框(2)（注：如果有现有的报表跟所创建的子报表数据字段相同，也可以选择“使用现有的报表和窗体”选项）。在该对话框中选择子报表所需的字段，本任务选择“课程信息表”中的课程名称和学分，“成绩表”中的成绩，如图 5-28 所示。

(4) 单击“下一步”按钮，打开“子报表向导”对话框(3)，选择主子窗体的相关联字段，本任务选择“从列表中选择”选项，选择“对 学生信息表 中的每个记录用 学号 显示 成绩表”，如图 5-29 所示。

(5) 单击“下一步”按钮，打开“子报表向导”对话框(4)，将子报表的名称改为“课程成绩”，单击“完成”按钮即可完成子报表的创建。

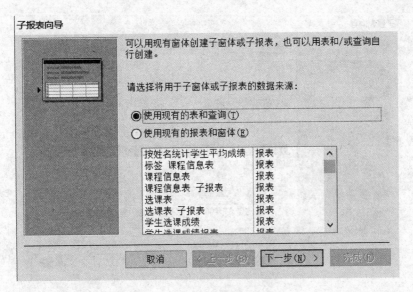

图 5-27 "子报表向导"对话框(1)

子报表向导

请确定在子窗体或子报表中包含哪些字段:

可以从一或多个表和/或查询中选择字段。

表/查询(T)

表: 成绩表

可用字段:

成绩编号
学号
课程编号

选定字段:

课程名称
学分
成绩

取消   < 上一步(B)   下一步(N) >   完成(F)

图 5-28 "子报表向导"对话框(2)

(6) 切换至"学生信息表"报表打印预览视图查看效果,如图 5-30 所示。

三、学生操作训练

任务 1:以"学生信息表"为数据源创建"同城学生分组报表",要求按籍贯分组显示学生的学号、姓名、性别、政治面貌信息,并统计各组的学生人数以及报表总人数。

任务 2:以"学生信息表"和"选课表"为数据源创建"学生课程表"报表,要求按学号、姓名分组显示该学生选课的课程名称、上课时间天、上课时间节、上课地点以及学分信息,并分组统计每个学生的选课学分。

任务 3:为任务 1 创建"同城学生分组报表"添加子报表,显示每个学生的选课信息,包括课程编号、课程名称、学分。

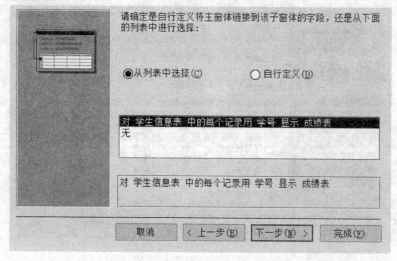

图 5-29 "子报表向导"对话框(3)

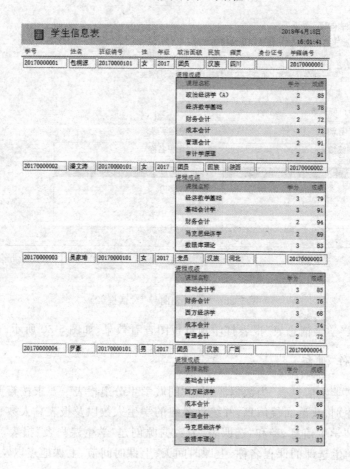

图 5-30 添加了子报表的"学生信息表"报表打印预览视图

四、注意事项

1. 报表的数据源可以是表,也可以是查询。

2. 在设计视图中添加组页眉后,可以将多个字段添加到组页眉中,按多个字段进行分组。

3. 创建主子报表时,相关的数据源之间应该创建了关系,主子报表中有相关联的字段。

实验 5-6 美 化 报 表

一、实验目的

1. 学会为报表添加日期、页码;

2. 掌握通过 Access 系统提供的"主题"功能设置报表样式;

3. 掌握为报表添加背景图片、更改文本字体颜色、用分页符强制控制分页等手段来美化报表。

二、实验任务及步骤

任务:为实验五创建的"学生选课成绩报表"添加日期、页码、背景、徽标等美化报表。

操作步骤:

(1) 打开"学生选课成绩报表"切换至设计视图,单击"报表设计工具/设计"选项卡"页眉/页脚"组中的"日期和时间"按钮 █ 日期和时间 ,在弹出的"日期和时间"对话框中选中"包含日期"复选框,取消选中"包含时间"复选框,选择日期格式,如图 5-31 所示,单击"确定"按钮即可在报表页眉上添加当前日期(也可将添加的日期控件移动到别的节)。

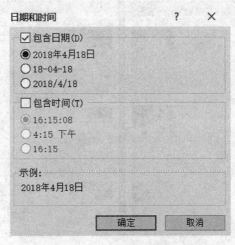

图 5-31 "日期和时间"对话框

(2) 同样单击"报表设计工具/设计"选项卡"页眉/页脚"组中的"页码"按钮 █ ,在弹出的"页码"对话框中选择页码的格式、位置、对齐方式、首页是否显示页码选项,如图 5-32 所示,单击"确定"按钮即可在相应位置添加页码。

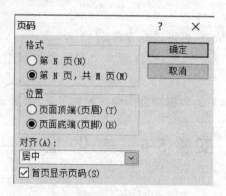

图 5-32 "页码"对话框

(3) 打开"报表"属性表,单击"格式"选项卡"图片"右边的按钮打开"插入图片"对话框,选择准备好的背景图案,并对图片的属性进行设置。

(4) 单击"报表设计工具/设计"选项卡"控件"组中的"图像"按钮,在"报表页眉"节的左边单击,创建图像控件。随后弹出"插入图片"对话框,在该对话框中选择要插入的图像文件,调整图像控件大小及其位置。

(5) 保存并预览报表效果,如图 5-33 所示。

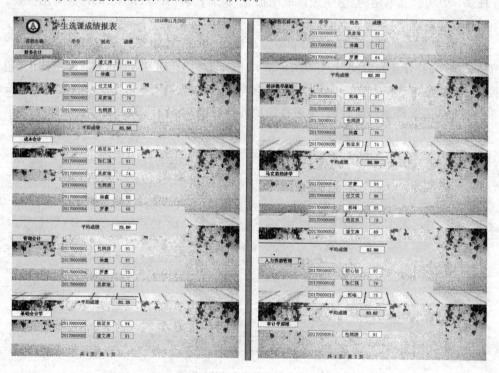

图 5-33 美化后的"学生选课成绩报表"打印预览视图

三、学生操作训练

　　任务：为实验 5-5 创建的"学生信息表"报表添加背景图案，设置字体格式以及各控件的边框属性，使其更美观。

四、注意事项

　　在创建报表的过程中，要使各个控件的对齐，注意字体格式以及报表的背景等，使其更加美观。

第 6 章　　　　宏

实验 6-1　创建并运行只有一个操作的宏

一、实验目的

1. 了解宏的界面布局,理解宏的概念和功能;
2. 掌握创建宏的方法;
3. 掌握创建宏的步骤。

二、实验任务及步骤

任务 1:以"教务管理"数据库为数据源,使用宏操作来打开课程表。

操作步骤:

(1) 打开"教务管理.accdb"数据库,单击"创建"选项卡,在"宏与代码"组中,单击"宏"按钮,如图 6-1 所示。

图 6-1　"宏与代码"组

(2) 在"创建"选项卡的"宏与代码"组中,如图 6-1 所示,单击"宏"按钮,打开宏设计对话框,如图 6-2 所示。

(3) 在"添加新操作"组合框中选择 OpenTable 操作。

(4) 在"表名称"下拉列表框中,选择"课程表",在"视图"下拉列表框中选择"数据表",在"数据模式"下拉列表框中选择"只读",如图 6-3 所示。

(5) 单击"文件"菜单中的"保存",弹出如图 6-4 所示的"另存为"对话框,在"宏名称"的文本框中添加"打开课程表"。

(6) 单击▮运行宏,打开"课程表",如图 6-5 所示。

任务 2:打开"教务管理.accdb"数据库,创建"平均成绩在 80 分以上学生"的宏。

操作步骤:

(1) 打开"教务管理.accdb"数据库,单击"创建"选项卡,在"窗体"组中单击"窗体向导"创建"按班级统计学生平均成绩"窗体。在"宏与代码"组中,单击"宏"按钮,打开宏设计对话框。

(2) 在"添加新操作"组合框中选择 OpenForm 操作,在"窗体名称"下拉列表框中选择"按班级统计学生平均成绩"窗体。

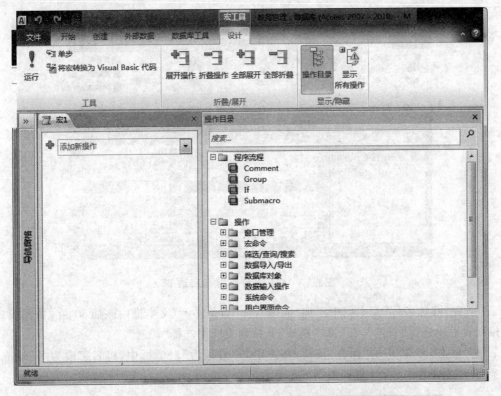

图 6-2　宏设计对话框

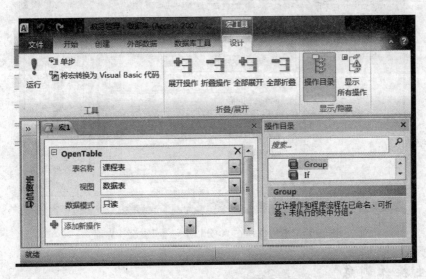

图 6-3　OpenTable 操作界面

图 6-4　"另存为"对话框

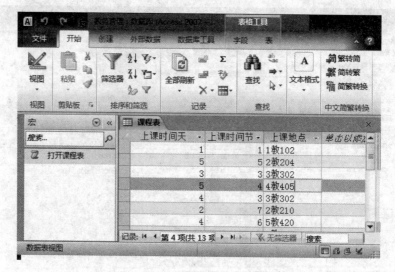

图 6-5　"打开课程表"宏运行结果

（3）在"筛选名称"文本框中添加"成绩"，在"当条件＝"文本框中添加 80，在"数据模式"下拉列表框中选择"只读"，在"窗口模式"下拉列表框中选择"普通"。

（4）单击"文件"中的"保存"按钮，在弹出的"另存为"对话框中，将名字改为"平均成绩在 80 分以上学生"。设计界面如图 6-6 所示。

图 6-6　"平均成绩在 80 分以上学生"宏设计界面

三、学生操作训练

任务 1：以"教务管理"数据库为数据源，创建"关闭教务管理系统"的宏。

任务 2：以"教务管理"数据库为数据源，创建"信息框"宏，在信息框中显示"这是我创建的第一个宏"。

任务 3：以"教务管理"数据库为数据源，创建"2012 级入学学生信息"宏。

实验 6-2　创建并运行操作序列宏和条件宏

一、实验目的

1. 练习操作序列宏和条件宏的创建方法与步骤；
2. 练习操作序列宏和条件宏的运行。

二、实验任务及步骤

任务 1：在"教务管理.accdb"数据库中，创建同时打开"成绩表""按班级统计学生平均成绩"窗体和"学生选课成绩报表"的操作序列宏。

操作步骤：

（1）打开"教务管理.accdb"数据库，单击"创建"选项卡，在"宏与代码"组中，单击"宏"按钮，打开宏设计对话框。

（2）在"添加新操作"面板的下拉列表框中选择 OpenTable 操作，在"表名称"下拉列表框中选择"成绩表"，在"视图"下拉列表框中选择"表视图"，在"窗口模式"下拉列表框中选择"只读"。

（3）在下面的"添加新操作"面板的组合框中选择 OpenForm 操作，在"窗体名称"下拉列表框中选择"按班级统计学生平均成绩"窗体，在"视图"下拉列表框中选择"窗体"，在"数据模式"下拉列表框中选择"只读"，在"窗口模式"下拉列表框中选择"普通"。

（4）单击"文件"菜单下的"保存"命令，在弹出的对话框中添加宏的名称"操作序列宏"，界面如图 6-7 所示。

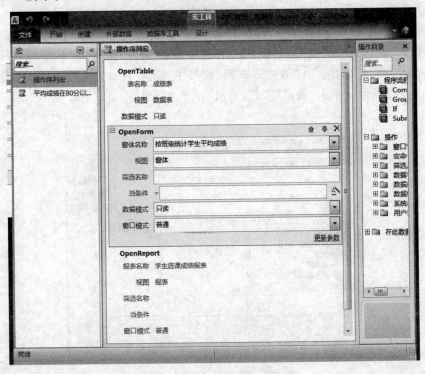

图 6-7　"操作序列宏"设计界面

任务 2：在"教务管理.accdb"数据库中，创建一个条件宏，使用命令按钮运行该宏时，对用户所输入的密码进行验证，只有输入的密码为"2010"时才能打开启动窗体，否则弹出消息框，提示用户输入的系统密码错误。

操作步骤：

（1）首先使用窗体设计视图，创建一个登录窗体。登录窗体包括一个文本框，用来输入密码。一个命令按钮用来验证密码（此命令按钮留待后面再进行创建）以及窗体标题，该登录窗体的创建结果，如图 6-8 所示。

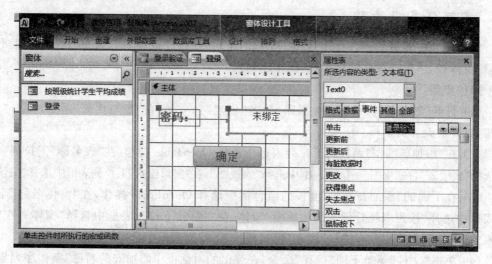

图 6-8　登录窗体设计视图

（2）在"创建"选项卡的"宏与代码"组中，单击"宏"按钮，打开"宏设计器"。

（3）在"添加新操作"组合框中，选择 IF，单击条件表达式文本框右侧的按钮。

（4）打开"表达式生成器"对话框，在"表达式元素"窗格中，展开"教学管理/Forms/所有窗体"，选中"登录"窗体。在"表达式类别"窗格中，双击 Text0，在表达式值中输入"<>2010"，如图 6-9 所示。单击"确定"按钮，返回到"宏设计器"中。

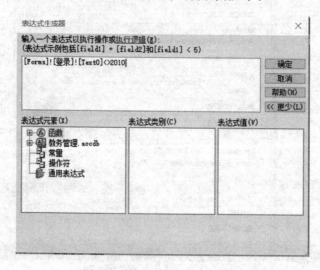

图 6-9　"表达式设计器"对话框

（5）在"添加新操作"组合框中选择 MessageBox，在"操作参数"窗格的"消息"行中输入"密码错误！请重新输入系统密码！"，在类型组合框中，选择"警告！"，其他参数默认。

（6）重复步骤（2）和（3），设置第 2 个 IF 。在 IF 的条件表达式中输入条件：［Forms]！［登录]！［Text0]＝ "2010"。在"添加新操作"组合框中选择 CloseWindow，其他参数分别为"窗体、验证密码、否"。

（7）在"添加新操作"组合框中选择 OpenForm，各参数分别设置为"按班级统计学生平均成绩、窗体、普通"，设置的结果如图 6-10 所示。保存宏名称为"登录验证"。

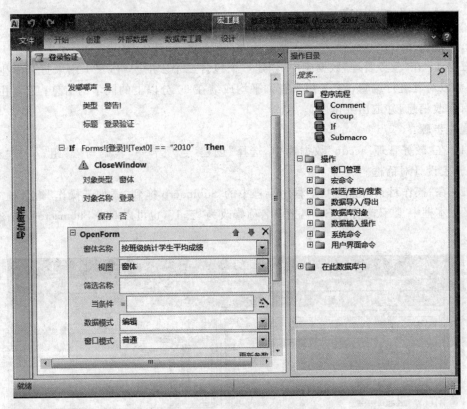

图 6-10　登录验证宏的设计视图

（8）打开"登录"窗体切换到设计视图中，选中"确定"按钮，在属性窗口中"事件"选项卡的"单击"下拉列表框中选择"登录验证"，如图 6-8 所示。

（9）选择"窗体"对象，打开"登录窗体"窗体，分别输入正确的密码、错误的密码，单击"确定"按钮，查看结果。

三、学生操作训练

任务 1：以"教务管理"数据库为数据源，创建一个操作序列宏"预览班级信息表"，其功能是以最大化窗口的方式打开"班级信息表"。

任务 2：创建一个名为"双休日判断"的宏，要求在打开数据库时进行判断：如果是双休日，就弹出"双休日不工作！"的提示信息框，然后退出 Access；其他工作日则终止该宏。

实验 6-3 创建并运行宏组和自动运行宏

一、实验目的

1. 掌握宏组和自动运行宏的创建；
2. 掌握宏组和自动运行宏的运行。

二、实验任务及步骤

1. 创建宏组

任务 1：在"教务管理"数据库中，创建一个包含三个宏的宏组，宏 1 用来打开学生选课表，并可以对其进行编辑；宏 2 用来查询平均成绩在 90 分以上的同学的信息；宏 3 用来保存所有修改信息，并退出数据库。

操作步骤：

（1）在"教务管理.accdb"数据库中，选择"创建"选项卡→"代码与宏"组，单击"宏"按钮，打开宏设计对话框。

（2）在"操作目录"窗格中，把程序流程中的 Submacro 拖到"添加新操作"组合框中，在"子宏"文本框中，默认名称为 Sub1，把该名称修改为"宏 1"（也可以双击 Submacro），如图 6-11所示。

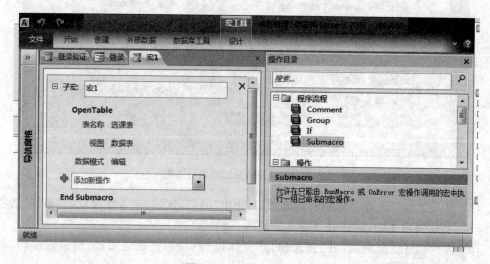

图 6-11 子宏 1 的界面

（3）在"添加新操作"组合框中选择 OpenTable 操作，在"操作参数"区中的"表名称"中选择"选课表"，"数据模式"选择"编辑"。

（4）重复（2）～（3）步骤。

（5）分别创建子宏 2 和子宏 3，界面如图 6-12 所示。

（6）在下面的"添加新操作"组合框中选择 RunMacro 操作，"宏名称"行选择"宏组.宏名 2"。

（7）单击"保存"按钮，在"宏名称"文本框中输入"宏组"，运行宏。

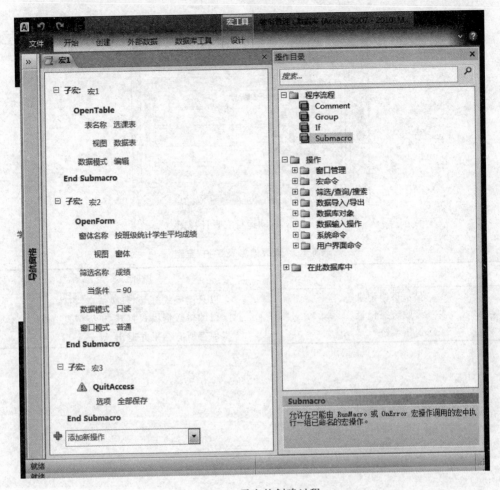

图 6-12 子宏的创建过程

2. 创建自动运行宏

任务 2：当用户打开数据库后，系统弹出欢迎界面。

操作步骤：

(1) 在"创建"选项卡的"宏与代码"组中，单击"宏"按钮，打开"宏设计器"。

(2) 在"添加新操作"组合框中选择 MessageBox，在"操作参数"窗格的"消息"行中输入"欢迎使用教务管理信息系统!"，在"类型"下拉列表框中选择"信息"，其他参数默认，如图 6-13 所示。

(3) 保存宏，宏名称设为 AutoExec。

(4) 关闭数据库。

(5) 重新打开"教务管理.accdb"数据库，宏自动执行，弹出一个消息框。

三、学生操作训练

任务：创建一个名为"班级信息表维护"的宏组，其中包含了 3 个宏，如表 6-1 所示。

图 6-13　自动运行宏设计视图

表 6-1　"班级信息表维护"宏组

宏　名	操 作 要 求
显示班级记录	以只读模式打开"班级信息"窗体
修改班级记录	以编辑数据模式打开"班级信息"窗体
退出系统	保存所有结果并退出 Access

第7章　模块与 VBA 程序设计

实验 7-1　创建标准模块和窗体模块

一、实验目的

1. 掌握建立标准模块及窗体模块的方法；
2. 熟悉 VBA 开发环境及数据类型。

二、实验任务及步骤

任务 1：打开"教务管理.accdb"数据库，在数据库中创建一个标准模块"模块 1"，并添加过程 UseFact。

操作步骤：

（1）打开"教务管理.accdb"数据库，选择"创建"选项卡中的"宏与代码"组，单击"模块"按钮，打开 VBE 窗口。选择"插入"→"过程"，如图 7-1 所示，弹出"添加过程"对话框。

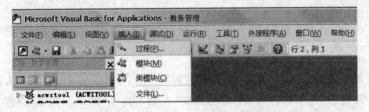

图 7-1　VBE 菜单栏及"插入"菜单

（2）在"添加过程"对话框中输入一个名称为 Swap 的子过程，如图 7-2 所示。

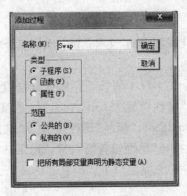

图 7-2　"添加过程"对话框

（3）输入代码如图 7-3 所示。

（4）按下 F5 键，运行程序，或单击工具栏中的"运行子过程/用户窗体"按钮 ▶，查看运行结果。单击"视图"菜单，打开"立即窗口"命令，打开"立即窗口"对话框，结果如图 7-4 所示。

图 7-3 过程的建立及调用　　　　图 7-4 过程执行结果

（5）单击工具栏中的"保存"按钮，输入模块名称为"模块 1"，保存模块。单击工具栏中的"视图 Microsoft office Access"按钮 ，返回 Access。

实验 7-2　创建窗体模块和事件响应过程

一、实验目的

1. 熟悉窗体模块中控件事件响应代码的编写方法；
2. 熟悉面向对象编程的思想。

二、实验任务及步骤

任务：在"教务管理.accdb"数据库中通过如图 7-5 所示窗体向班级信息表中添加班级记录，对应"班级编号""年级""班级名称"和"人数"的 4 个文本框的名称分别是 bNo、bGrade、bName 和 bSum。当单击窗体中的"添加"命令按钮（名称为 Command1）时，首先判断班级编号是否重复，如果不重复，则向"班级信息表"中添加班级记录；如果班级编号重复，则给出提示信息。

操作步骤：

（1）新建窗体，在窗体设计视图中的"主体"节中添加 4 个标签，4 个文本框，2 个命令按钮，如图 7-5 所示。

（2）打开属性窗口，将 4 个文本框中的"标题"属性分别设置为 bNo、bGrade、bName 和 bSum；第一个命令按钮"名称"属性设置为 CmdAdd，"标题"属性设置为"添加记录"，第二命令按钮"名称"属性设置为 CmdExit，"标题"属性设置为"退出"；将窗体对象的"标题"属性设置为"添加记录"，将"导航按钮"属性设置为"否"，"记录选择器"属性设置为"否"。

（3）打开代码窗口，输入并补充完整以下代码：

```
Option Compare Database
```

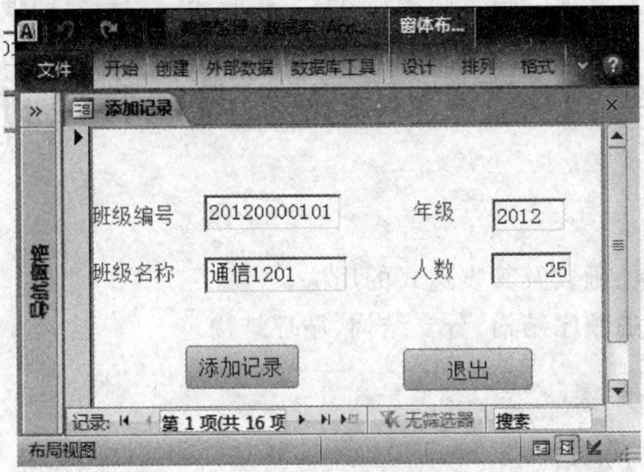

图 7-5 "添加记录"窗体

```
Dim ADOcn As New ADODB.Connection
Private Sub Form_Load()
  '打开窗口时,连接 Access 数据库
  Set ADOcn = CurrentProject.Connection
End Sub
Private Sub CmdAdd_Click()
  '增加学生记录
  Dim strSQL As String
  Dim ADOrs As New ADODB.Recordset
  Set ADOrs.ActiveConnection = ADOcn
  ADOrs.Open "Select 班级编号 From 班级信息表 Where 班级编号 = '" + bNo + "'"
  If Not ADOrs.Open Then
    MsgBox "你输入的学号已存在,不能增加!"
  Else
    '增加新学生的记录
    strSQL = "Insert Into 学生(学生编号,姓名,性别,年龄)"
    strSQL = strSQL + " Values('" + tNo + "', '" + tName + "', '" + tSex + "'," + tAge + ")"
    ADOcn.Execute
    MsgBox "添加成功,请继续!"
  End If
  ADOrs.Close
  Set ADOrs = Nothing
End Sub
Private Sub CmdExit_Click()
  DoCmd.Close
End Sub
```

(4) 保存窗体,窗体名称为 Form7_5,切换至窗体视图,在相应的文本框中输入新的学生信息,包括学号、姓名、性别、年龄(学号在学生表中不存在,其他不能空),单击"添加"按钮,打开学生表,观察程序的运行结果,再输入一个已有的学生信息(学号在学生表中已存在),单击"添加"按钮,观察程序的运行结果。

三、学生操作训练

任务:对课程信息表中不同学院开设的课程增加课程的学分,规定人文学院每门增加

模块与 VBA 程序设计

1,信息学院每门增加 2,其他学院每门增加 0.5。编写程序调整每门课程的学分。

实验 7-3   VBA 基础及流程控制

一、实验目的

1. 掌握常量、变量、函数及其表达式的用法;
2. 掌握程序设计的顺序结构、分支结构、循环结构。

二、实验任务及步骤

1. 顺序控制与输入输出

任务 1：输入圆的半径,显示圆的面积。

操作步骤:

(1) 在数据库窗口中,选择"模块"对象,单击"新建"按钮,打开 VBE 窗口。

(2) 在代码窗口中输入 Area 子过程,其代码如下:

```
Sub Area()
Dim r As Single
Dim s As Single
r = InputBox("请输入圆的半径:","输入")
s = 3.14 * r * r
MsgBox "半径为: " + Str(r) + "时的圆面积是: " + Str(s)
End Sub
```

(3) 运行过程 Area,在输入框中,如果输入半径为 1,则输出的结果如图 7-6 所示。

图 7-6   Area 的运行结果

(4) 单击工具栏中的"保存"按钮,输入模块名称为 M1,保存模块。

2. 选择控制

任务 2：编写一个过程,从键盘上输入一个整数 X,如果 X≥0,输出它的算术平方根;如果 X<0,输出它的绝对值。

操作步骤:

(1) 在数据库窗口中,双击模块 M1,打开 VBE 窗口。

(2) 在代码窗口中添加 Sample 子过程,其代码如下:

```
Sub Sample ()
Dim x As Single
x = InputBox("请输入 X 的值", "输入")
If x >= 0 Then
  y = Sqr(x)
Else
  y = Abs (x) *
End If
MsgBox "x = " + Str(x) + "时 y = " + Str(y)
End Sub
```

（3）运行 Sample 过程，如果在"请输入 X 的值："中输入：−2（回车），则结果如图 7-7 所示。

（4）单击工具栏中的"保存"按钮，保存模块 M1。

3. 循环控制

任务 3：求前 100 个自然数的和。

操作步骤：

（1）双击模块 M1，进入 VBE 窗口，添加 sum 子过程。

（2）输入过程代码如下：

```
Sub sum()
  I = 0
  Do While I <= 100
      I = I + 1
      s = s + I
  Loop
  MsgBox s
End Sub
```

（3）运行结果如图 7-8 所示。

图 7-7　运行 Sample 过程的结果　　　　图 7-8　过程 sum 的运行结果

三、学生操作训练

任务 1：使用选择结构程序设计方法，编写一个子过程，从键盘上输入成绩 X（0～100），如果 90≤X≤100 输出"优秀"，80≤X＜90 输出"良"，70≤X＜80 输出"中"，60≤X＜70 输出"及格"，X＜60 输出"不及格"。

任务 2：计算 100 以内的奇数的平方根的和，要使用 Exit Do 语句控制循环。

第2部分　综合实验

第8章 人事管理系统

1. 新建一个名为"人事管理系统"的空数据库。

操作步骤：首先，创建一个"人事管理系统"文件夹，之后在该文件夹中创建"人事管理系统.accdb"数据库文件，如图 8-1 所示。

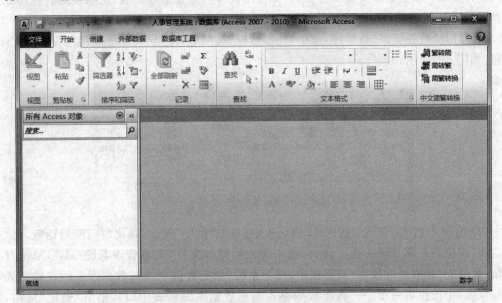

图 8-1 新建的"人事管理系统"数据库界面

2. 按照表 8-1 要求创建名为"员工信息表"的表，从 Excel 文件中导入数据（也可自行输入如表 8-2 所示），并设置其主键。

表 8-1 "员工信息表"表结构

字 段 名 称	数 据 类 型	字 段 大 小	是 否 主 键
人员 ID	自动编号	长整型	是
姓名	文本	5	
性别	文本	1	
调入日期	日期/时间		
职务	文本	8	
手机号	文本	15	
部门	文本	8	

表 8-2   "员工信息表"表记录

人员 ID	姓 名	性 别	调 入 日 期	职 务	手 机 号	部 门
1	于天	男	2009/5/6	总经理	13811442653	研发部
2	张青	男	2010/5/4	部门经理	13812348756	研发部
3	刘梅	女	2010/2/17	部门经理	13948975892	销售部
4	王胜花	女	2011/3/6	组长	13102562513	销售部
5	孙海	男	2011/5/14	组长	13822661413	服务部
6	郑海良	男	2012/4/3	普通员工	13601115623	销售部
7	刘田静	女	2010/8/9	普通员工	13025641133	服务部
8	许丽丽	女	2013/4/3	普通员工	13315425612	销售部

操作步骤：建立数据库有多种方式，如使用设计视图建立数据表、使用数据表视图建立表和通过导入创建表。我们这里使用第三种方式——通过导入创建表。

（1）打开"教务管理"数据库，选中"外部数据"选项卡，在"导入并链接"组中，单击 Excel 按钮，如图 8-2 所示。

图 8-2 "外部数据"选项卡

（2）在弹出的"获取外部数据库"对话框中，单击"浏览"按钮，弹出"打开"对话框，将"查找范围"定位为外部文件所在文件夹，选中导入数据源文件"人事管理系统.xls"，单击打开按钮，返回到"获取外部数据"对话框中，在下面的"指定数据在当前数据库中的存储方式和存储位置"中选择第一项——将源数据导入当前数据库的新表中（I），单击"确定"按钮，如图 8-3 所示。

（3）在打开的"导入数据表向导"对话框中，选择"员工信息表"，直接单击"下一步"按钮，如图 8-4 所示。

（4）在弹出的对话框中，选中"第一行包含列标题"复选框，然后单击"下一步"按钮，如图 8-5 所示。

（5）在打开的指定导入每一字段信息对话框中（如图 8-6 所示），指定"人员 ID"的数据类型为"长整型"，索引项为"有（无重复）"，然后依次选择其他字段，设置"姓名""性别""调入日期""职务""手机号"和"部门"的数据类型，单击"下一步"按钮。

（6）在打开的定义主键对话框中，选中"我自己选择主键"，Access 自动选定"人员 ID"，然后单击"下一步"按钮，如图 8-7 所示。

（7）在打开的制定表的名称对话框中，在"导入到表"文本框中，输入"人员信息表"，单击"完成"按钮。到此完成使用导入方法创建表。

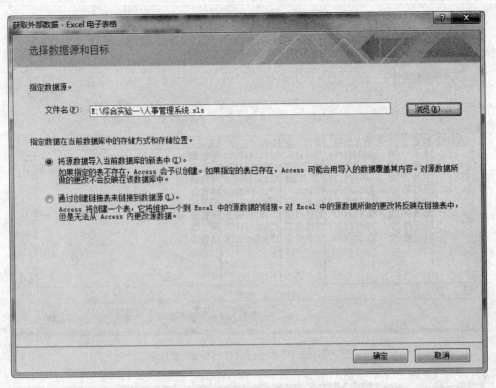

图 8-3 "选择数据源和目标"界面

图 8-4 "导入数据表向导"对话框

127

第
8
章

人事管理系统

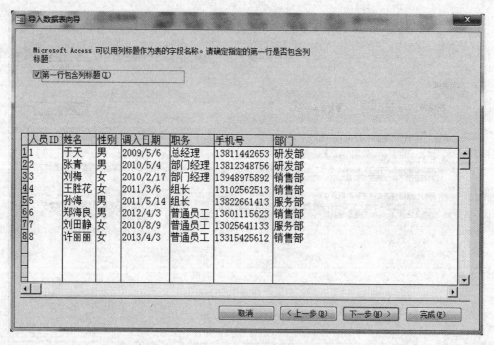

图 8-5 选中"第一行包含列标题"复选框

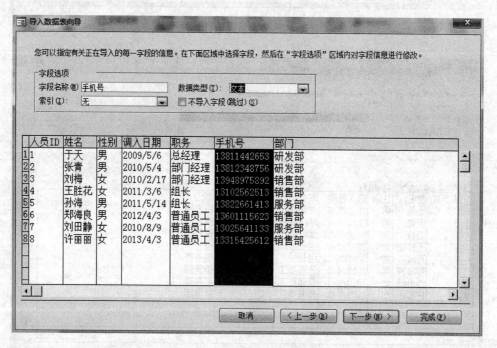

图 8-6 字段选项设置

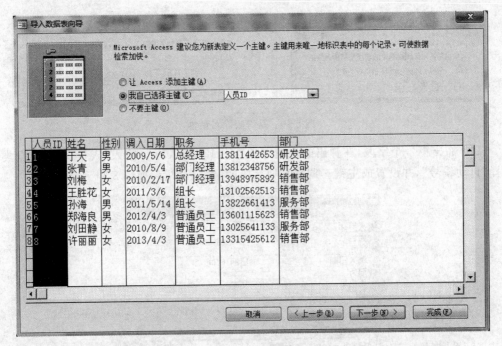

图 8-7　主键设置

（8）打开"人员信息表"的设计视图，调整各个字段的属性。将"人员 ID"字段的数据类型改成"自动编号"，会弹出如图 8-8 所示的对话框。也就是说这个字段不能改成自动编号的数据类型。

图 8-8　错误信息提示

（9）右击"人员 ID"字段，在弹出的快捷菜单中选择"删除行"，如图 8-9 所示。

字段名称	数据类型	
人员ID	数字	
姓名	文本	主键(K)
性别	文本	剪切(T)
调入日期	日期/	复制(C)
职务	文本	粘贴(P)
手机号	数字	插入行(I)
部门	文本	删除行(D)
		属性(P)

图 8-9　快捷菜单

（10）弹出询问是否删除的对话框，单击"是"按钮后弹出另一个主键是否删除的对话框，单击"是"按钮，如图 8-10 所示。

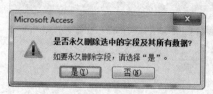

图 8-10　是否删除对话框

（11）右击第一个字段，在弹出的快捷菜单中选择"插入行"，输入"人员 ID"，数据类型选择"自动编号"，并设置成主键。调整其他字段的属性后保存，如图 8-11 所示。

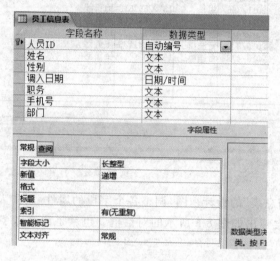

图 8-11　"员工信息表"的设计视图

3. 按照下列要求创建名为"工资表"的表，从 Excel 文件中导入数据（也可自行输入），并设置其主键。

表 8-3　"工资表"表结构

字 段 名 称	数 据 类 型	字 段 大 小	是 否 主 键
工资编号	自动编号	长整型	是
员工 ID	数字	长整型	
发放时间	日期/时间		
基本工资	货币		
奖金	货币		
扣税	货币		

表 8-4　"工资表"表记录

工 资 编 号	员工 ID	发 放 时 间	基 本 工 资	奖　　金	扣　　税
1	1	2018/3/1	8000	2000	800
2	2	2018/3/1	6000	1500	600
3	3	2018/3/1	5500	1500	550
4	1	2018/4/1	8000	1500	800

工 资 编 号	员工 ID	发 放 时 间	基 本 工 资	奖 金	扣 税
5	2	2018/4/1	6000	1000	600
6	1	2018/5/1	8000	2500	800
7	2	2018/5/1	6000	2000	600
8	5	2018/5/1	4000	1200	400
9	6	2018/5/1	3000	800	300

操作步骤如第 2 题所示。

4. 将"员工信息表"表中的第一条记录的姓名和性别字段的值修改为考生自己的姓名和性别,其他信息不许改变。

操作步骤:双击"员工信息表",打开员工信息表"数据表视图",将第一条记录修改成考生的姓名和性别。

5. 创建表"员工信息表"和"工资表"2 表之间一对多的关系,实施参照完整性,级联更新,级联删除。

操作步骤:

(1) 在"数据库工具/关系"组,单击功能栏上的"关系"按钮 ,打开"关系"窗口,同时打开"显示表"对话框。如果没有打开"显示表"对话框,可单击"显示表"按钮,如图 8-12 所示。

图 8-12 "显示表"按钮

(2) 在"显示表"对话框中,分别双击"员工信息表"和"工资表"将其添加到"关系"窗口中。注:两个表的主键分别是"人员 ID"和"工资编号"。

(3) 关闭"显示表"对话框。

(4) 选定"员工信息表"中的"人员 ID"字段,然后按下鼠标左键并拖动到"工资表"中的"员工 ID"字段上,松开鼠标。此时屏幕显示如图 8-13 所示的"编辑关系"对话框。

(5) 选中"实施参照完整性""级联更新相关字段"和"级联删除相关记录"复选框,单击"创建"按钮。结果如图 8-14 所示。

(6) 单击"保存"按钮,保存表之间的关系,单击"关闭"按钮,关闭"关系"窗口。

6. 设置字段属性。

• 设置"员工信息表"中字体为黑体,字号为 14,颜色为红色,单元格效果为"凹陷";

• 设置"工资表"中字段"员工 ID"查阅属性为"列表框",行来源类型为"表/查询",行来源为"员工信息表";

• 设置"员工信息表"中"性别"字段默认值为"男",有效性规则为"男"或"女",输入有

效性规则下不允许时,则提示信息为"请输入性别!";
- 设置"员工信息表"中字段"手机号"的输入掩码,设置成由 11 位数字构成,输入必须是 11 位数字,如"13811442653"。

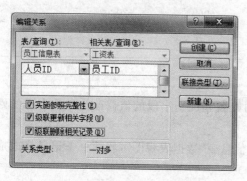

图 8-13　"编辑关系"对话框

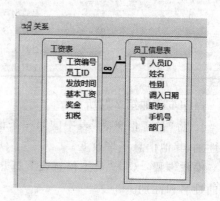

图 8-14　表间关系

操作步骤:

(1) 双击打开"员工信息表",在"开始"选项卡"文本格式"组中按要求对其字体进行设置,如图 8-15 所示。单击字体设置的右下角处,弹出"设置数据表格式"对话框,"单元格效

图 8-15　字体设置

果"选择"凹陷",单击"确定"按钮,如图 8-16 所示。

(2) 双击"工资表",打开工资表"数据表视图",选择"开始"选项卡"视图/设计视图"切换至设计视图。选中"员工 ID"字段,切换字段属性区到"查阅"选项卡,单击"显示控件"属性的

下三角按钮,选择"列表框"选项。设置"行来源类型"属性为"表/查询"、"行来源"属性为"员工信息表",如图 8-17 所示。

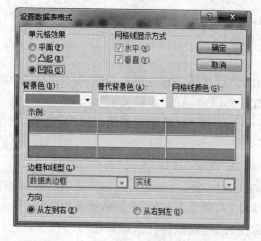

图 8-16　"设置数据表格式"对话框

图 8-17　"员工 ID"查阅属性设置

（3）打开"员工信息表"的设计视图，选中"性别"字段，在"默认值"属性框中输入"男"，在"有效性规则"属性框中输入""男" Or "女""，在"有效性文本"属性框中输入文字"请输入性别！"，如图 8-18 所示。

（4）选中"手机号"字段名称，在"输入掩码"属性框中输入 11 个 0："00000000000"，如图 8-19 所示。

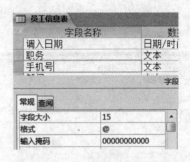

图 8-18　"性别"默认值和有效性规则设置　　　　图 8-19　"手机号"输入掩码设置

7．创建一个名为"三月工资"的查询，查询出 2018 年 3 月份的工资情况，显示出员工的姓名、职务、发放时间、基本工资、奖金和扣税情况，运行结果如图 8-20 所示。

姓名	职务	发放时间	基本工资	奖金	扣税
于天	总经理	2018/3/1	￥8,000.00	￥2,000.00	￥800.00
张青	部门经理	2018/3/1	￥6,000.00	￥1,500.00	￥600.00
刘梅	部门经理	2018/3/1	￥5,500.00	￥1,500.00	￥550.00

图 8-20　"三月工资"查询运行结果

操作步骤：

（1）在"创建"选项卡中单击"查询设计"按钮，弹出"显示表"窗口。

（2）在"显示表"对话框中，选择可作为数据源的表："员工信息表"和"工资表"，将其添加到查询设计视图窗口的上半部分。

（3）在表的字段列表中双击所需的字段，这里依次双击"员工信息表"字段列表中的"姓名""职务"、"工资表"中的"发放时间""基本工资""奖金"和"扣税"字段，将它们加到查询设计视图下半部分的视图网格中。

（4）在字段"发放时间"的"条件"行输入"Between ♯2018/3/1♯ And ♯2018/3/31♯"，如图 8-21 所示。

（5）保存为"三月工资"。

8．创建名为"按照部门查询"的参数查询，要求输入部门的名字，查找出相应员工的信息，如图 8-22 所示，查询结果如图 8-23 所示。

操作步骤：

（1）在"创建"选项卡中单击"查询设计"按钮，弹出"显示表"对话框。

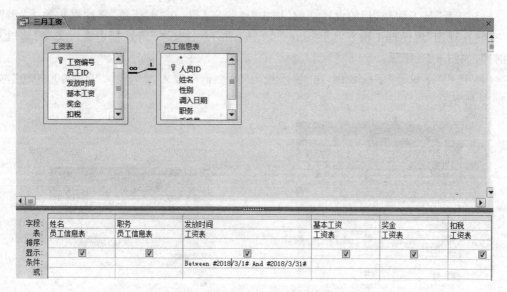

图 8-21 "三月工资"查询设计视图

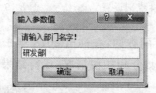

图 8-22 输入参数对话框

人员ID	姓名	性别	调入日期	职务	手机号	部门
1	于天	男	2009/5/6	总经理	138114426	研发部
2	张青	男	2010/5/4	部门经理	138123487	研发部

图 8-23 如输入"研发部"运行结果

（2）在显示表的"表"选项中选择"员工信息表"，单击"添加"按钮，然后关闭窗口。

（3）选中"员工信息表"的所有字段。

（4）在"部门"字段的条件行中输入"[请输入部门名字!]"，如图 8-24 所示。保存为"按照部门查询"。

9. 创建名为"工资总额"的查询，要求查询出员工每次发放工资的总额，显示员工姓名、发放时间、工资总额（工资总额＝基本工资＋奖金－扣税），如图 8-25 所示。

操作步骤:

（1）在"创建"选项卡中单击"查询设计"按钮，弹出"显示表"对话框。

（2）在"显示表"对话框中，选择可作为数据源的表"员工信息表"和"工资表"，将其添加到查询设计视图窗口的上半部分。

（3）在表的字段列表中双击所需的字段，这里依次双击"员工信息表"字段列表中的"姓名"和"工资表"中的"发放时间"将它们加到查询设计视图下半部分的视图网格中。

（4）在第三列字段中填入"工资总额:[基本工资]＋[奖金]－[扣税]"，如图 8-26 所示。

保存成名为“工资总额”的查询。

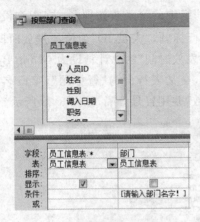

图 8-24 “按照部门查询”设计视图

工资总额

姓名	发放时间	工资总额
于天	2018/3/1	¥9,200.00
于天	2018/4/1	¥8,700.00
于天	2018/5/1	¥9,700.00
张青	2018/3/1	¥6,900.00
张青	2018/4/1	¥6,400.00
张青	2018/5/1	¥7,400.00
刘梅	2018/3/1	¥6,450.00
孙海	2018/5/1	¥4,800.00
郑海良	2018/5/1	¥3,500.00
*		

图 8-25 “工资总额”运行结果

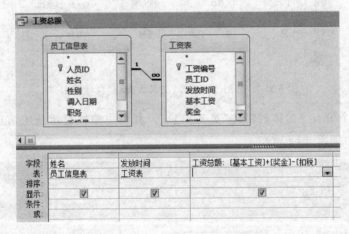

图 8-26 “工资总额”设计视图

10. 创建一个名为“部门-发放时间交叉表查询”的交叉表查询，统计不同部门不同发放时间发放工资的人数，及每个部门发放工资的总人数。运行结果如图 8-27 所示。

部门-发放时间交叉表查询

部门	总人数	2018/3/1	2018/4/1	2018/5/1
服务部	1			1
销售部	2	1		1
研发部	6	2	2	2

图 8-27 “部门-发放时间交叉表查询”运行结果

操作步骤：

(1) 在“创建”选项卡中单击“查询设计”按钮，弹出“显示表”对话框。

(2) 在“显示表”对话框中，选择可作为数据源的表“员工信息表”和“工资表”，将其添加到查询设计视图窗口的上半部分。

(3) 在表的字段列表中双击所需的字段，这里依次双击“员工信息表”字段列表中的“部门”“人员 ID”和“工资表”中的“发放时间”，将它们加到查询设计视图下半部分的视图网格中。

（4）单击"查询工具/设计"选项卡"查询类型"组中的交叉表按钮 ![交叉] ，在查询设计视图下半部分的视图网格的交叉表行中设置"部门"为行标题，"人员 ID"为值，"发放时间"为列标题。"人员 ID"的总计行设为"计数"，"部门"和"发放时间"的总计行设为 Group By。

（5）再增加一列人员 ID，总计行设为"计数"，交叉表行设为"行标题"，字段名行设为"总人数：人员 ID"，人员 ID 前加新的字段名总人数，并用冒号分隔，如图 8-28 所示。

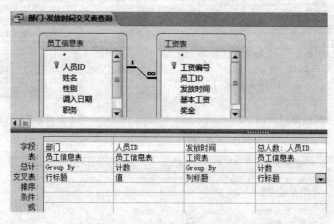

图 8-28 "部门-发放时间交叉表查询"设计视图

11. 创建一个带有子窗体的窗体"员工信息"。其中主窗体显示员工信息，子窗体显示该员工工资情况，如图 8-29 所示。

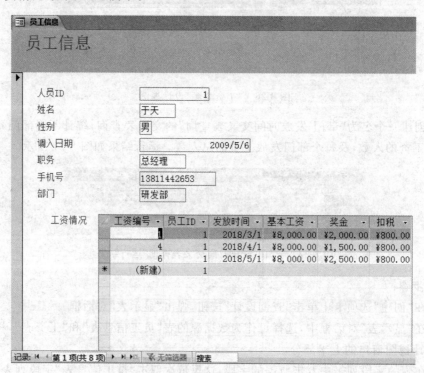

图 8-29 窗体运行界面

操作步骤：

（1）在"创建"选项卡"窗体"组中单击 窗体向导，会弹出"窗体向导"的第 1 个对话框。在"表/查询"下拉列表框中选择"表：员工信息表"，然后单击 >> 按钮选择所有字段；在"表/查询"下拉列表框中选择"表：工资表"，然后单击 >> 按钮选择所有字段。

（2）单击"下一步"按钮，出现"窗体向导"的第 2 个对话框，查看数据的方式设置为"通过员工信息表"方式，在下边选择"带有子窗体的窗体"选项。

（3）单击"下一步"按钮，弹出第 3 个对话框，要求选择子窗体的布局，这里选择"数据表"选项。

（4）单击"下一步"按钮，弹出最后一个对话框，要求为窗体指定标题。这里主窗体命名为"员工信息"，子窗体命名为"工资情况"。

（5）单击"完成"按钮，完成创建主/子窗体。运行结果如图 8-29 所示。

12. 创建窗体"根据人员 ID 查看工资情况"，要求在窗体上有组合框、两个命令按钮，在组合框中选定人员 ID 值后单击"确定"按钮，弹出第 11 题创建的"员工信息"窗体，并显示相应员工信息和工资情况；单击"关闭"按钮，则关闭此窗体。在窗体页脚中添加标签，标签内容为考生的班级、姓名和学号。

操作步骤：

（1）在"创建"选项卡"窗体"组中单击窗体设计按钮 ，打开窗体设计视图。

（2）在"窗体设计工具/设计"选项卡"控件"组中单击 组合框按钮，在窗体合适的位置单击，这时会弹出"组合框向导"的第 1 个对话框。这里有两个选项："使用组合框获取其他表或查询中的值"和"自行键入所需的值"，按照需要选择一个，这里选择第一个，如图 8-30 所示。

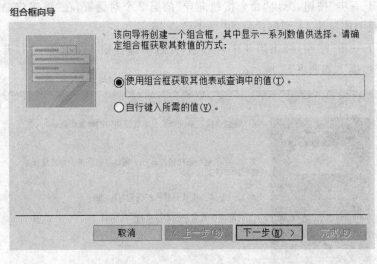

图 8-30 "组合框向导"第 1 个对话框

（3）单击"下一步"按钮，进入"组合框向导"的第 2 个对话框，将组合框中数据的来源设置为"表：员工信息表"。

（4）单击"下一步"按钮，进入"组合框向导"的第 3 个对话框，在可用字段列表框中选择"人员 ID"字段。

（5）单击"下一步"按钮，这个对话框中可以设置对字段的排序，选择"人员 ID"升序排序后单击"下一步"按钮，弹出的对话框显示从表里得到的所有人员 ID 列表。

（6）单击"下一步"按钮，为组合框指定标签名为"人员 ID"，单击"完成"按钮。

（7）创建好人员 ID 组合框后，添加"确定"命令按钮，步骤如下：

① 单击窗体设计工具上的 按钮（注意：要确保控件向导按钮 在按下的状态），在"人员 ID"组合框下面放置命令按钮的位置单击，这时会弹出"命令按钮向导"的第 1 个对话框。在"类别"列中选择"窗体操作"选项，在"操作"列中选择"打开窗体"选项，如图 8-31 所示。

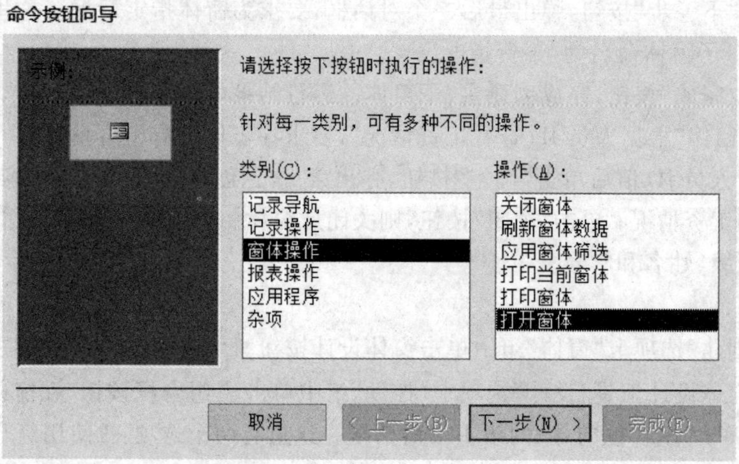

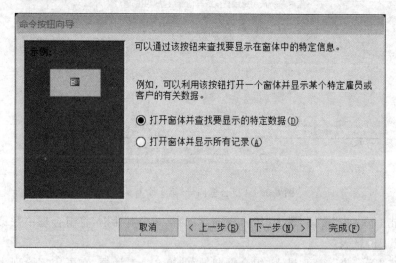

图 8-31 "命令按钮向导"第 1 个对话框

② 单击"下一步"按钮，弹出"命令按钮向导"的第 2 个对话框，在"请确定命令按钮打开的窗体"列表框中选择第 11 题创建好的"员工信息"窗体。

③ 单击"下一步"按钮，弹出第 3 个对话框，在这里选择第 1 个选项："打开窗体并查找要显示的特定数据"，如图 8-32 所示。

图 8-32 "命令按钮向导"第 3 个对话框

④ 单击"下一步"按钮,弹出第 4 个对话框,在"窗体 1"中选择 Combo0,在"员工信息"中选择"人员 ID"后单击中间的 ⟨-⟩ 按钮,如图 8-33 所示。

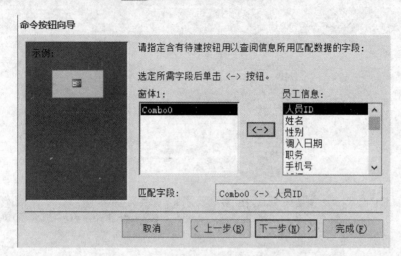

图 8-33 "命令按钮向导"第 4 个对话框

⑤ 单击"下一步"按钮,选择"文本"单选按钮,输入文本名称并确定,然后单击"完成"按钮。

(8) 创建"关闭"命令按钮的方法类似,只是在"类别"列中选择"窗体操作"选项,在"操作"列中选择"关闭窗体"选项即可。

(9) 右击窗体弹出快捷菜单,在其中选择"窗体页面/页脚",在窗体的页脚处添加一个标签,标签中输入考生的班级、姓名和学号。

(10) 保存名为"根据人员 ID 查看工资情况"窗体,"人员 ID"设置为 3,单击"确定"按钮即打开相应的"员工信息"窗体,运行结果如图 8-34 和图 8-35 所示。

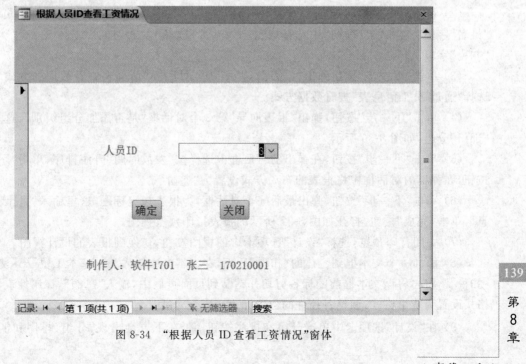

图 8-34 "根据人员 ID 查看工资情况"窗体

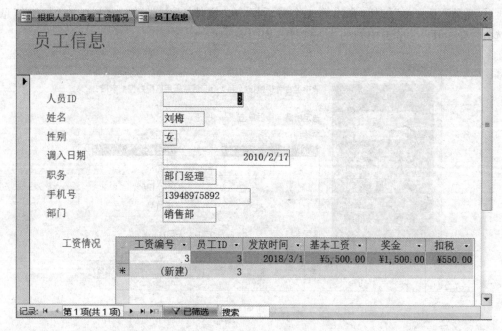

图 8-35　打开的"员工信息"窗体

13. 创建一个名为"员工工资信息"的报表,要求先以部门分组,不同的部门之间用横线分开,再以人员 ID 和姓名分组,显示每个员工具体工资信息;添加计算控件显示出每个员工每个月的工资总额;整个报表汇总出最低基本工资和最高基本工资。并在报表页眉上添加标签,标签内容为考生的班级、学号和姓名。

操作步骤:

(1) 选择"创建"选项卡"报表"组中的 📊报表向导 按钮。

(2) 在弹出的报表向导"表/查询"中选择"表:员工信息表",选择"部门""人员 ID"和"姓名"字段;再在"表/查询"中选择"表:工资表",选择"发放时间""基本工资""奖金"和"扣税"字段。

(3) 单击"下一步"按钮弹出"报表向导"第 2 个对话框"请确定查看数据的方式",这里选择"通过 员工信息表"查看数据方式。

(4) 单击"下一步"按钮,弹出"报表向导"第 3 个对话框"是否添加分组级别",这里添加"部门"分组,如图 8-36 所示。

(5) 单击"下一步"按钮,在弹出的对话框中选择按"发放时间"升序排序,单击"下一步"按钮,在弹出的对话框中将报表的布局方式设置为"递阶"。

(6) 单击"下一步"按钮,弹出最后一个对话框,为报表指定标题,这里输入"员工工资信息",单击"完成"按钮,打开如图 8-37 所示的报表打印预览视图。

(7) 关闭打印预览,选择"设计"选项卡中的视图按钮,切换到报表的设计视图。

(8) 添加一个文本框到主体的"扣税"后面,在文本框中输入"=[基本工资]+[奖金]-[扣税]",将再将该文本框前的标签剪切并粘贴到页面页眉中,输入"总额",在属性表里将其格式设置为货币格式,调整各控件的位置和大小直至合适。

(9) 在"设计"选项卡中单击分组和排序按钮 📊 ,在下方会出现"分组、排序和汇总"窗

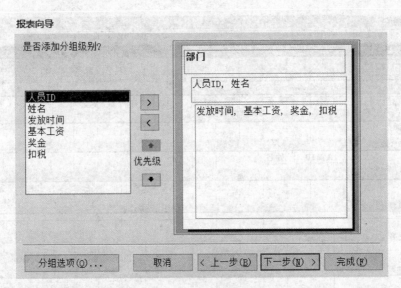

图 8-36 "报表向导"添加分组

员工工资信息

部门	人员ID	姓名	发放时间	基本工资	奖金	扣税
服务部						
	5	孙海				
			2018/5/1	¥4,000.00	¥1,200.00	¥400.00
销售部						
	3	刘梅				
			2018/3/1	¥5,500.00	¥1,500.00	¥550.00
	6	郑海				
			2018/5/1	¥3,000.00	¥800.00	¥300.00
研发部						
	1	予天				
			2018/3/1	¥8,000.00	¥2,000.00	¥800.00
			2018/4/1	¥8,000.00	¥1,500.00	¥800.00
			2018/5/1	¥8,000.00	¥2,500.00	¥800.00
	2	张青				
			2018/3/1	¥6,000.00	¥1,500.00	¥600.00
			2018/4/1	¥6,000.00	¥1,000.00	¥600.00
			2018/5/1	¥6,000.00	¥2,000.00	¥600.00

图 8-37 "员工工资信息"报表打印预览视图

格,单击"分组形式 部门"后面的"更多"按钮 更多▶,选择"有页脚节"。这时报表的设计视图中会多出来"部门页脚"节,在该节处画一条直线以用来分离组。

(10)将鼠标放在"报表页脚"节边缘,拖动鼠标左键拉宽"报表页脚"节的高度,在"报表页脚"节中添加两个文本框,分别填入公式"=Min([基本工资])"和"=Max([基本工资])",相应标签也分别改为"最低基本工资"和"最高基本工资",并均设置为货币格式。

(11)在报表页眉中添加一个标签输入学生的班级、学号和姓名,保存。设置好的设计视图如图 8-38 所示,打印预览效果如图 8-39 所示。

141

第 8 章

员工工资信息
报表页眉
员工工资信息
制作人：软件1701 张三 170210001
页面页眉
部门
人员ID
姓名
发放时间
基本工资
奖金
扣税
总额
部门页眉
部门
人员ID页眉
人员ID
姓名
主体
发放时间
基本工资
奖金
扣税
资]+[奖金
部门页脚
页面页脚
=Now()
="共 " & [Pages] & " 页，第 " & [Page] & " 页"
报表页脚
最低基本工资：
=Min([基本
最高基本工资：
=Max([基本

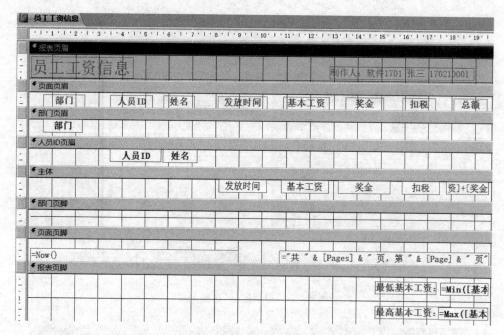

图 8-38 “员工工资信息”报表设计视图

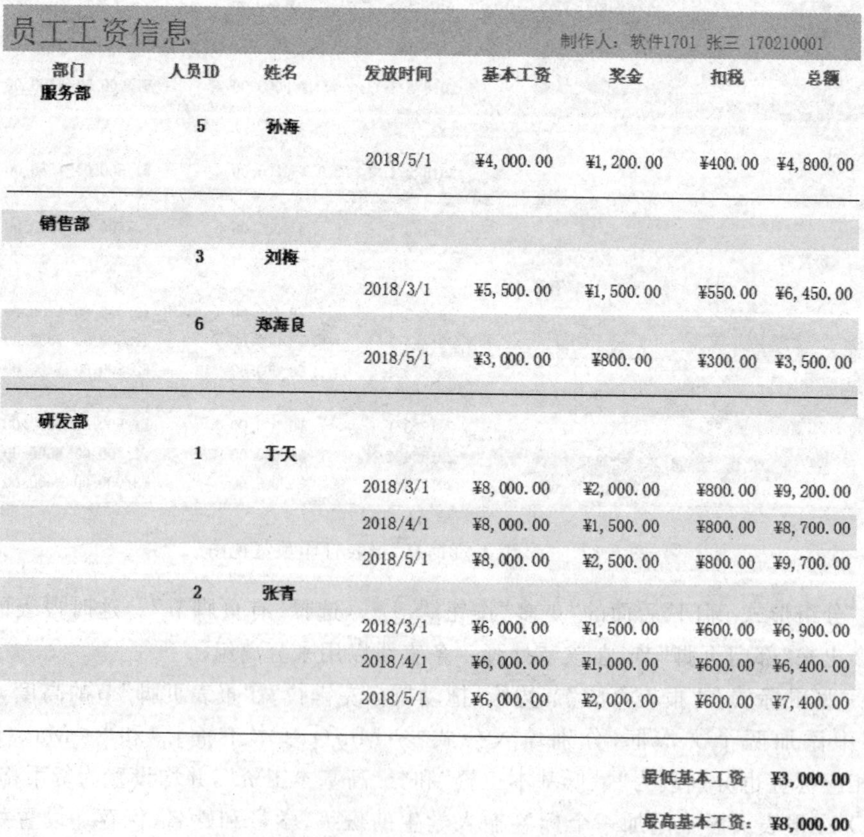

员工工资信息
制作人：软件1701 张三 170210001
部门 人员ID 姓名 发放时间 基本工资 奖金 扣税 总额
服务部
5 孙海
2018/5/1 ¥4,000.00 ¥1,200.00 ¥400.00 ¥4,800.00
销售部
3 刘梅
2018/3/1 ¥5,500.00 ¥1,500.00 ¥550.00 ¥6,450.00
6 郑海良
2018/5/1 ¥3,000.00 ¥800.00 ¥300.00 ¥3,500.00
研发部
1 于天
2018/3/1 ¥8,000.00 ¥2,000.00 ¥800.00 ¥9,200.00
2018/4/1 ¥8,000.00 ¥1,500.00 ¥800.00 ¥8,700.00
2018/5/1 ¥8,000.00 ¥2,500.00 ¥800.00 ¥9,700.00
2 张青
2018/3/1 ¥6,000.00 ¥1,500.00 ¥600.00 ¥6,900.00
2018/4/1 ¥6,000.00 ¥1,000.00 ¥600.00 ¥6,400.00
2018/5/1 ¥6,000.00 ¥2,000.00 ¥600.00 ¥7,400.00
最低基本工资 ¥3,000.00
最高基本工资： ¥8,000.00

图 8-39 修改后的“员工工资信息”报表打印预览视图

第9章 | 影片管理系统

（1）新建一个名为"影片管理系统.accdb"的空数据库。

（2）按照表 9-1 和表 9-2 的要求创建名为"影片信息"的表，从 Excel 文件中导入数据（也可自行输入），并设置其主键。

表 9-1 "影片信息"表结构

字 段 名 称	数 据 类 型	字 段 大 小	是 否 主 键
影片编号	文本	2	是
影片名称	文本	12	
导演编号	文本	2	
主演	文本	6	
上映年份	文本	6	
片长	数字	整型	
类型	文本	5	

表 9-2 "影片信息"表记录

影片编号	影片名称	导演编号	主演	上映年份	片长	类型
1	亲爱的	2	赵薇等	2014 年	130	剧情
2	老炮儿	3	冯小刚等	2015 年	137	动作
3	美人鱼	4	邓超等	2016 年	93	喜剧
4	芳华	1	黄轩等	2017 年	136	剧情
5	左耳	5	陈都灵等	2015 年	117	爱情
6	致我们终将逝去的青春	6	杨子姗等	2013 年	133	爱情

（3）按照表 9-3 和表 9-4 的要求创建名为"导演信息"的表，从 Excel 文件中导入数据（也可自行输入），并设置其主键。

表 9-3 "导演信息"表结构

字 段 名 称	数 据 类 型	字 段 大 小	是 否 主 键
导演编号	文本	2	是
姓名	文本	5	
性别	文本	1	
年龄	数字	整型	

表 9-4 "导演信息"表记录

导演编号	姓 名	性 别	年 龄
1	冯小刚	男	60
2	陈可辛	男	56
3	管虎	男	50
4	周星驰	男	56
5	苏有朋	男	45
6	赵薇	女	42

（4）将"导演信息"表中的第一条记录的姓名和性别字段的值修改为考生自己的姓名和性别，其他信息不许改变。

（5）创建"影片信息"和"导演信息"两表之间一对多的关系，实施参照完整性，级联更新，级联删除。

（6）属性设置：

① 设置"导演信息"表中字体为黑体，字号为14，蓝色，单元格效果为"凹陷"，列宽为最佳匹配；

② 设置"导演信息"表中"性别"字段，通过下拉列表框赋值，取值范围为"男"和"女"；

③ 设置"影片信息"表中"片长"字段有效性规则为不大于200分钟；输入有效性规则下不允许时，则提示信息为"片长不能大于200分钟！"；

④ 设置"影片信息"表中"上映年份"字段输入掩码，设置成以四位数字表示年份，其中前两位固定为"20"，最后一个字是"年"，如"2018年"。

（7）创建一个名为"2017年上映影片"的查询，查询2017年上映的影片信息。运行结果如图9-1所示。

图 9-1 "2017年上映影片"查询运行结果

（8）创建一个名为"按影片类型查询"的参数查询，要求输入影片的类型，查找出相应的影片信息。运行结果如图9-2所示。

（9）创建一个名为"出生年份"的查询，要求利用相关函数计算出每位导演是哪年出生的。运行结果如图9-3所示。

（10）创建一个名为"年度影片上映情况"交叉表查询，统计每位导演哪个年度有影片上映，及共上映多少部影片。运行结果如图9-4所示。

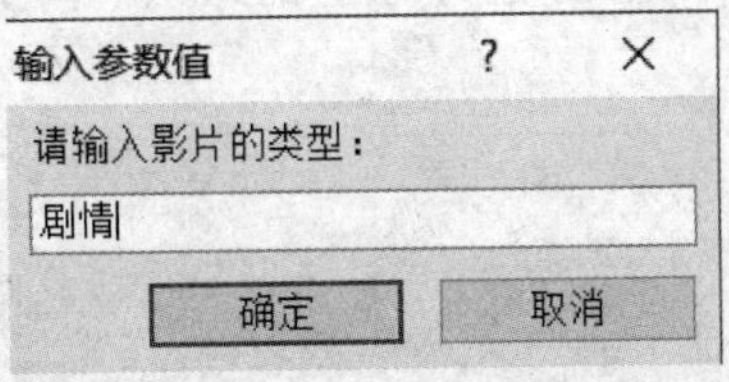

按影片类型查询

影片编号	影片名称	导演编号	主演	上映年份	片长	类型
1	亲爱的	2	赵薇等	2014年	130	剧情
4	芳华	1	黄轩等	2017年	136	剧情
*						

图 9-2 “按影片类型查询”运行结果

出生年份

姓名	性别	年龄	出生年份
冯小刚	男	60	1958
陈可辛	男	56	1962
管虎	男	50	1968
周星驰	男	56	1962
苏有朋	男	45	1973
赵薇	女	42	1976

图 9-3 “出生年份”的查询运行结果

年度影片上映情况

姓名	上映总数	2013年	2014年	2015年	2016年	2017年
陈可辛	1		1			
冯小刚	1					1
管虎	1			1		
苏有朋	1			1		
赵薇	1	1				
周星驰	1				1	

图 9-4 “年度影片上映情况”交叉表查询运行结果

(11) 创建一个带有子窗体的窗体“导演信息”。其中主窗体显示导演信息，子窗体显示该导演的影片信息。运行结果如图 9-5 所示。

(12) 创建一个名为“根据导演编号查询”窗体，要求在窗体上有组合框、2 个命令按钮，在组合框中选定值后单击“确定”按钮，弹出第(11)题创建的“导演信息”窗体，并显示相应的导演信息和影片信息；单击“关闭”按钮，则关闭此窗体。在窗体页脚中添加标签，标签内容为考生的班级、姓名和学号。运行结果如图 9-6 所示。

(13) 创建一个名为“影片详细信息”报表，要求以类型分组，不同的类型组之间用横线分开，再按上映年份分组，并统计出每种类型影片的数量，以及整个报表影片的总数。在报表页眉上添加标签,标签内容为考生的班级、学号和姓名。运行结果如图 9-7 所示。

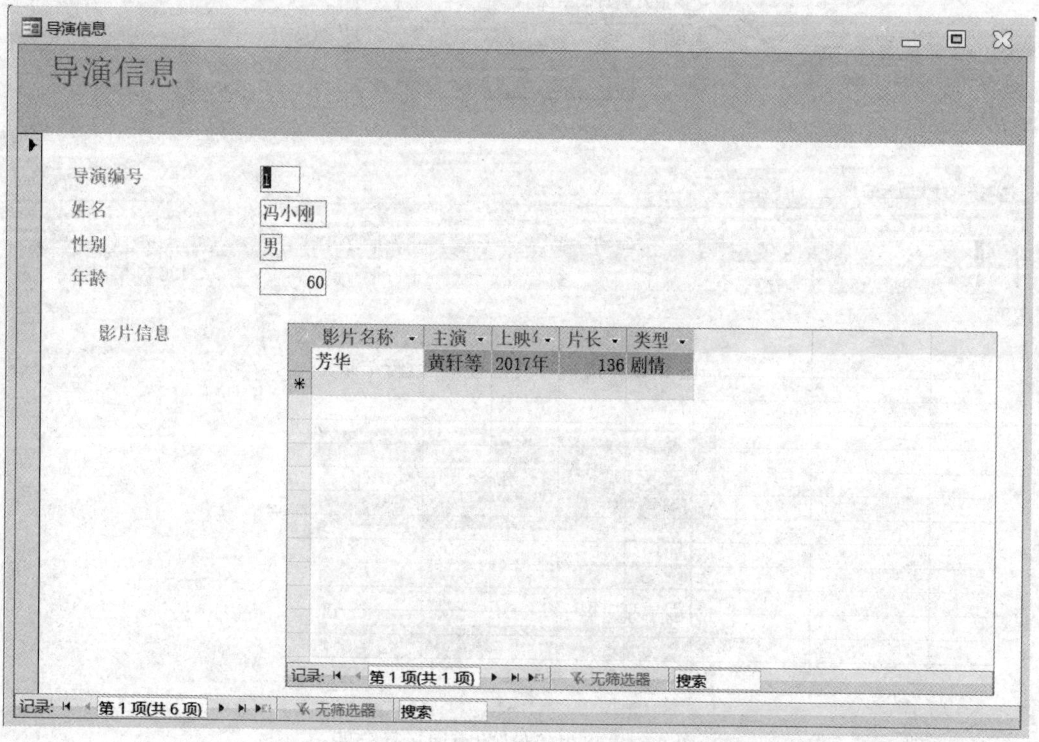

图 9-5 "导演信息"窗体运行结果

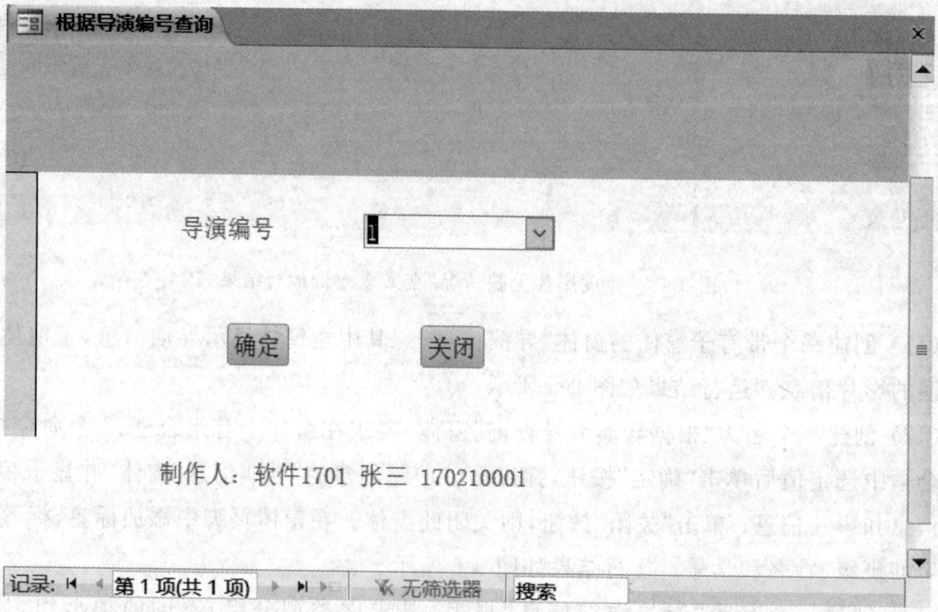

图 9-6 "根据导演编号查询"窗体

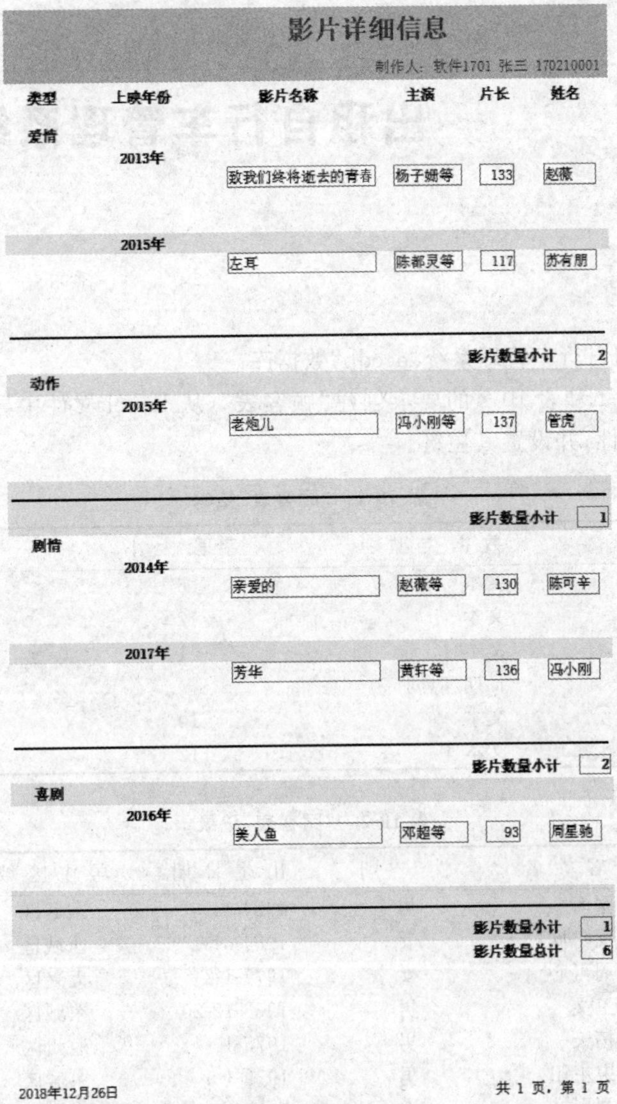

影片详细信息

制作人：软件1701 张三 170210001

类型	上映年份	影片名称	主演	片长	姓名
爱情					
	2013年				
		致我们终将逝去的青春	杨子姗等	133	赵薇
	2015年				
		左耳	陈都灵等	117	苏有朋
			影片数量小计		2
动作					
	2015年				
		老炮儿	冯小刚等	137	管虎
			影片数量小计		1
剧情					
	2014年				
		亲爱的	赵薇等	130	陈可辛
	2017年				
		芳华	黄轩等	136	冯小刚
			影片数量小计		2
喜剧					
	2016年				
		美人鱼	邓超等	93	周星驰
			影片数量小计		1
			影片数量总计		6

2018年12月26日　　　　　　　　　　　　　　共 1 页，第 1 页

图 9-7 "影片详细信息"报表打印预览视图

第 10 章　出租自行车管理系统

（1）新建"出租自行车管理系统.accdb"数据库。

（2）按照表 10-1 和表 10-2 的要求创建"顾客表"，从 Excel 文件中导入数据（也可自行输入），修改字段属性，并设置其主键。

表 10-1　"顾客表"结构

字 段 名 称	数 据 类 型	字 段 大 小	是 否 主 键
顾客编号	文本	6	是
顾客姓名	文本	12	
性别	文本	1	
出生日期	日期/时间		
居住区域	文本	10	
联系电话	文本	12	

表 10-2　"顾客表"记录

顾 客 编 号	顾 客 姓 名	性　别	出 生 日 期	居 住 区 域	联 系 电 话
D001	张海	男	1984-11-6	东城区	6168111
D002	周宇欣	女	1984-5-31	西城区	6168222
D003	周可心	女	1977-1-2	大兴区	6168444
D004	王文	男	1966-12-20	东城区	6168555
D005	杨天	男	1975-10-4	通州区	6168666
D006	宋王阳	男	1979-1-5	东城区	6168777
D007	刘彤	女	1980-10-25	崇文区	6168888
D008	张艺	女	1974-5-20	西城区	6168999
D009	江永清	男	1985-10-26	通州区	6168333

（3）按照表 10-3 和表 10-4 的要求创建"租用信息表"，从 Excel 文件中导入数据（也可自行输入），修改字段属性，并设置其主键。

表 10-3　"租用信息表"结构

字 段 名 称	数 据 类 型	字 段 大 小	是 否 主 键	说　明
出库编号	数字	长整型	是	
自行车编号	文本	5		
出租单价	货币			每小时的价格
租用时间	数字	长整型		单位为小时
租用开始时间	日期/时间			
顾客编号	文本	6		

表 10-4 “租用信息表”记录

出库编号	自行车编号	出租单价	租用时间	租用开始时间	顾客编号
1	A01	10.00	3	2018/1/1 8:00	D001
2	A02	10.00	2	2018/1/2 9:00	D002
3	A03	10.00	2	2018/1/5 8:03	D001
4	A04	10.00	1	2018/2/1 8:00	D008
5	B01	15.00	3	2018/2/2 8:00	D002
6	B02	15.00	4	2018/1/6 8:00	D004
7	B03	15.00	3	2018/1/7 8:00	D005
8	B03	15.00	2	2018/1/12 8:00	D006
9	A01	10.00	4	2018/1/10 8:00	D007
10	A02	10.00	2	2018/1/9 13:00	D008
11	A04	10.00	3	2018/1/1 14:00	D009
12	B03	15.00	2	2018/1/1 15:00	D004
13	B04	15.00	4	2018/2/18 8:00	D005
14	A03	10.00	2	2018/2/15 8:00	D006
15	A04	10.00	1	2018/2/11 8:00	D007
16	B01	15.00	3	2018/2/5 8:00	D008
17	B02	15.00	4	2018/2/17 8:00	D009
18	B05	15.00	3	2018/2/13 8:00	D005

(4) 创建“顾客表”和“租用信息表”之间一对多的关系，实施参照完整性，级联更新，级联删除。

(5) 字段属性设置：

① “顾客表”字体设置为蓝色、楷体、粗体、12 号；单元格效果设置为凹陷；行高设为 20，列宽设置为“最佳匹配”；

② 设置“租用信息表”中“顾客编号”字段的查阅属性为“组合框”，“行来源”类型为“表/查询”，“行来源”为“顾客表”；

③ 设置有效性规则和有效性文本，使“顾客表”中“性别”字段只能输入“男”或“女”，当出错时，提示：“只能输入男或女!”。

④ 设置“顾客表”的“顾客编号”字段，输入掩码，第一位是大写字母 D，后三位是数字。

(6) 创建“东城区居民的租车情况”查询，查询结果显示居住在东城区的居民的居住区域、自行车编号、出租单价、租用时间和租用开始时间。运行结果如图 10-1 所示。

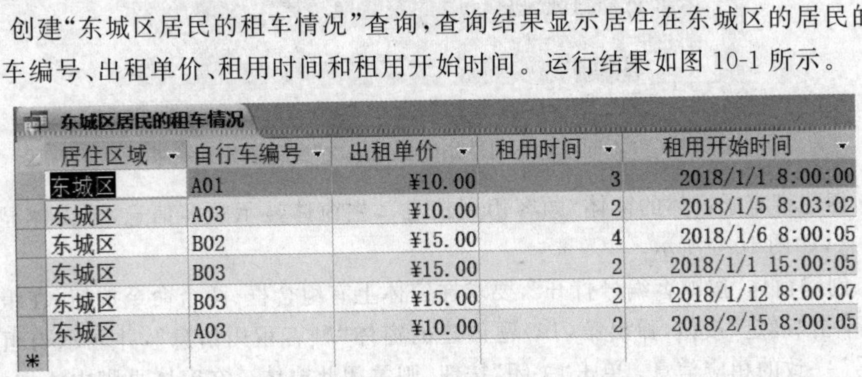
东城区居民的租车情况

居住区域	自行车编号	出租单价	租用时间	租用开始时间
东城区	A01	¥10.00	3	2018/1/1 8:00:00
东城区	A03	¥10.00	2	2018/1/5 8:03:02
东城区	B02	¥15.00	4	2018/1/6 8:00:05
东城区	B03	¥15.00	2	2018/1/1 15:00:05
东城区	B03	¥15.00	2	2018/1/12 8:00:07
东城区	A03	¥10.00	2	2018/2/15 8:00:05
*				

图 10-1 “东城区居民的租车情况”查询结果

（7）创建“按自行车编号查询”的参数查询。运行时，首先弹出如图 10-2 所示的界面。

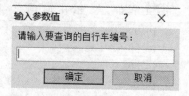

图 10-2 “按自行车编号”的参数查询

如输入 B01，单击“确定”按钮，弹出相应的信息，如图 10-3 所示。

按自行车编号查询

自行车编号	顾客编号	顾客姓名	租用时间	租用开始时间
B01	D002	周宇欣	3	2018/2/2 8:00:04
B01	D008	张艺	3	2018/2/5 8:00:05
*				

图 10-3 输入“B01”的查询结果

（8）创建“每辆自行车租车总金额”查询，计算每辆自行车租用的总时数和总金额，结果如图 10-4 所示。

每辆自行车租车总金额

自行车编号	出租单价	总时数	总金额
A01	¥10.00	7	¥70.00
A02	¥10.00	4	¥40.00
A03	¥10.00	4	¥40.00
A04	¥10.00	5	¥50.00
B01	¥15.00	6	¥90.00
B02	¥15.00	8	¥120.00
B03	¥15.00	7	¥105.00
B04	¥15.00	4	¥60.00
B05	¥15.00	3	¥45.00

图 10-4 “每辆自行车租车总金额”查询运行结果

（9）创建“不同单价不同性别的租用人次”交叉表查询，查询出不同性别的顾客对不同单价的自行车的租用人次。查询结果如图 10-5 所示。

不同单价不同性别的租用人次

出租单价	合计人次	男	女
¥10.00	9	4	5
¥15.00	9	7	2

图 10-5 “不同单价不同性别的租用人次”交叉表查询结果

（10）创建带有子窗体的窗体“顾客租用信息”，主窗体显示顾客信息，子窗体显示租用自行车信息，如图 10-6 所示。

（11）创建窗体“按顾客编号打开”，要求在窗体上有组合框、两个命令按钮，在组合框中选定值后单击“确定”按钮，弹出第（10）题创建的窗体“顾客租用信息”，并显示与组合框中“顾客编号”一致的相应信息；单击“关闭”按钮，则关闭此窗体。在窗体页脚中添加标签，标签内容为考生的班级、姓名和学号。运行结果如图 10-7 和图 10-8 所示。

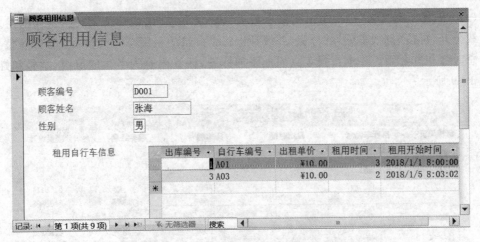

图 10-6 "顾客租用信息"窗体显示结果

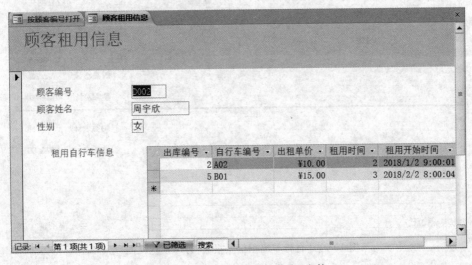

图 10-7 "按顾客编号打开"窗体界面

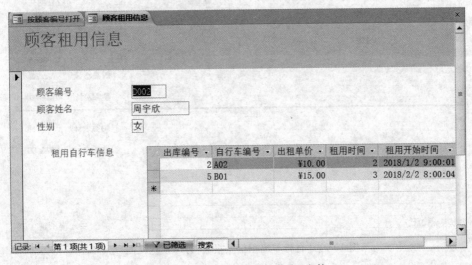

图 10-8 弹出"顾客租用信息"窗体

（12）创建一个名为"自行车出租信息报表"，要求先以"出租单价"分组，不同的组之间用横线分开，再按"自行车编号"分组，并统计出每个分组的租用总时数和总金额以及整个报表的总时数和总金额。要求在报表页眉上添加标签，标签内容为考生的班级、学号和姓名，如图 10-9 所示。

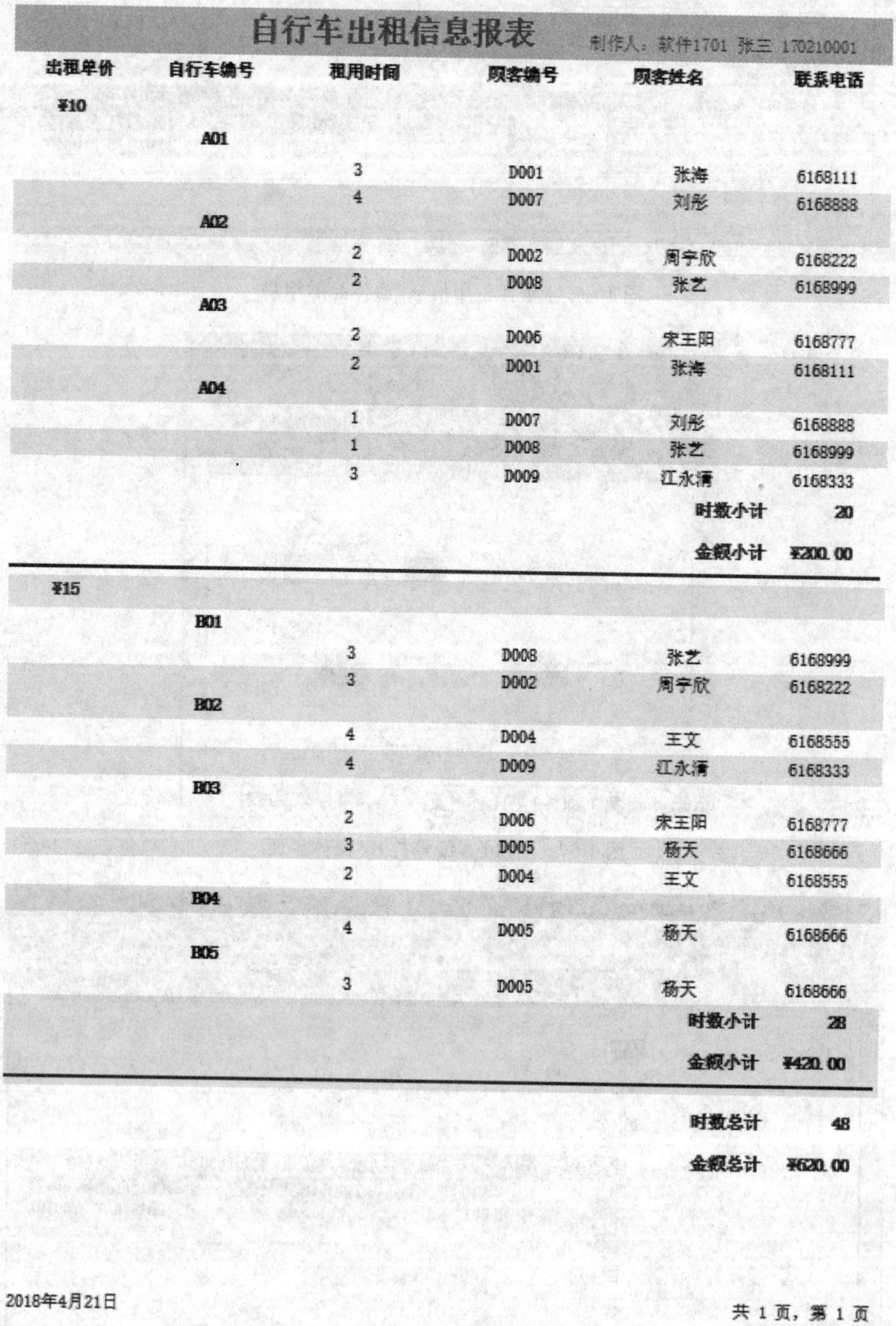

自行车出租信息报表

制作人：软件1701 张三 170210001

出租单价	自行车编号	租用时间	顾客编号	顾客姓名	联系电话
¥10					
	A01				
		3	D001	张海	6168111
		4	D007	刘彤	6168888
	A02				
		2	D002	周宁欣	6168222
		2	D008	张艺	6168999
	A03				
		2	D006	宋王阳	6168777
		2	D001	张海	6168111
	A04				
		1	D007	刘彤	6168888
		1	D008	张艺	6168999
		3	D009	江永清	6168333
				时数小计	20
				金额小计	¥200.00
¥15					
	B01				
		3	D008	张艺	6168999
		3	D002	周宁欣	6168222
	B02				
		4	D004	王文	6168555
		4	D009	江永清	6168333
	B03				
		2	D006	宋王阳	6168777
		3	D005	杨天	6168666
		2	D004	王文	6168555
	B04				
		4	D005	杨天	6168666
	B05				
		3	D005	杨天	6168666
				时数小计	28
				金额小计	¥420.00
				时数总计	48
				金额总计	¥620.00

2018年4月21日

共 1 页，第 1 页

图 10-9 "自行车出租信息报表"打印预览视图

第3部分　全国计算机等级考试 Access二级考试专项练习

第 11 章   选择题练习

1. 下列关于栈的叙述正确的是(   )。
   A) 栈按"先进先出"组织数据   B) 栈按"先进后出"组织数据
   C) 只能在栈底插入数据   D) 不能删除数据

2. 在数据库设计中,将 E-R 图转换成关系数据模型的过程属于(   )。
   A) 需求分析阶段   B) 概念设计阶段
   C) 逻辑设计阶段   D) 物理设计阶段

3. 有三个关系 R、S 和 T,如图 11-1 所示。

R		
B	C	D
a	0	k1
b	1	n1

S		
B	C	D
f	3	h2
a	0	k1
b	2	x1

T		
B	C	D
a	0	k1

图 11-1   R、S、T 关系结构

由关系 R 和 S 通过运算得到关系 T,则所使用的的运算为(   )。
   A) 并   B) 自然连接   C) 笛卡儿积   D) 交

4. 设有表示学生选课的三张表,学生 S(学号,姓名,性别,年龄,身份证号),课程 C(课号,课名),选课 SC(学号,课号,成绩),则表 SC 的关键字(键或码)为(   )。
   A) 课号,成绩   B) 学号,成绩
   C) 学号,课号   D) 学号,姓名,成绩

5. 一个栈的初始状态为空。现将元素 1、2、3、4、5、A、B、C、D、E 依次入栈,然后再依次出栈,则元素出栈的顺序是(   )。
   A) 12345ABCDE   B) EDCBA54321
   C) ABCDE12345   D) 54321EDCBA

6. 下列叙述中正确的是(   )。
   A) 顺序存储结构的存储空间一定是连续的,链式存储结构的存储空间不一定是连续的
   B) 顺序存储结构只针对线性结构,链式存储结构只针对非线性结构
   C) 顺序存储结构能存储有序表,链式存储结构不能存储有序表
   D) 链式存储结构比顺序存储结构节省存储空间

7. 数据流图中带有箭头的线段表示的是(　　)。

    A) 控制流　　　　　　B) 事件驱动　　　　　C) 模块调用　　　　　D) 数据流

8. 一间宿舍可住多个学生,则实体宿舍和学生之间的联系是(　　)。

    A) 一对一　　　　　　B) 一对多　　　　　　C) 多对一　　　　　　D) 多对多

9. 在数据管理技术发展的三个阶段中,数据共享最好的是(　　)。

    A) 人工管理阶段　　　　　　　　　　　　　B) 文件系统阶段

    C) 数据库系统阶段　　　　　　　　　　　 D) 三个阶段相同

10. 支持子程序调用的数据结构是(　　)。

    A) 栈　　　　　　　　B) 树　　　　　　　　C) 队列　　　　　　　D) 二叉树

11. 下面不属于软件测试实施步骤的是(　　)。

    A) 集成测试　　　　　B) 回归测试　　　　　C) 确认测试　　　　　D) 单元测试

12. 设循环队列为 Q(1:m),其初始状态为 front＝rear＝m。经过一系列入队与退队运算后,front＝15,rear＝20。现要在该循环队列中寻找最大值的元素,最坏情况下需要比较的次数为(　　)。

    A) 4　　　　　　　　　B) 6　　　　　　　　　C) m－5　　　　　　　D) m－6

13. 设数据元素的集合 D＝{ 1,2,3,4,5 },则满足下列关系 R 的数据结构中为线性结构的是(　　)。

    A) R＝{ (1,2),(3,4),(5,1) }　　　　　　 B) R＝{ (1,3),(4,1),(3,2),(5,4) }

    C) R＝{ (1,2),(2,3),(4,5) }　　　　　　 D) R＝{ (1,3),(2,4),(3,5) }

14. 一个栈的初始状态为空。现将元素 A,B,C,D,E 依次入栈,然后依次退栈三次,并将退栈的三个元素依次入队(原队列为空),最后将队列中的元素全部退出。则元素退队的顺序为(　　)。

    A) ABC　　　　　　　B) CBA　　　　　　　C) EDC　　　　　　　D) CDE

15. 在 Access 数据库对象中,体现数据库设计目的的对象是(　　)。

    A) 报表　　　　　　　B) 模块　　　　　　　C) 查询　　　　　　　D) 表

16. 在"成本表"中有 4 个字段:装修费、人工费、水电费和总成本。其中,总成本＝装修费＋人工费＋水电费,在建表时应将字段"总成本"的数据类型定义为(　　)。

    A) 数字　　　　　　　B) 单精度　　　　　　C) 双精度　　　　　　D) 计算

17. 能够检查字段中的输入值是否合法的属性是(　　)。

    A) 格式　　　　　　　B) 默认值　　　　　　C) 有效性规则　　　　D) 有效性文本

18. 在关系数据库中,关系是指(　　)。

    A) 各条记录之间有一定关系　　　　　　　B) 各个字段之间有一定关系

    C) 各个表之间有一定的关系　　　　　　　D) 满足一定条件的二维表

19. 某数据表中有 5 条记录,其中"编号"为文本型字段,其值分别为 129、97、75、131、118,若按该字段对记录进行降序排序,则排序后的顺序应为(　　)。

    A) 75、97、118、129、131　　　　　　　　B) 118、129、131、75、97

    C) 131、129、118、97、75　　　　　　　　D) 97、75、131、129、118

20. 若限制字段只能输入数字 0～9,则应使用的输入掩码字符是(　　)。

    A) X　　　　　　　　　B) A　　　　　　　　　C) 0　　　　　　　　　D) 9

21. 在"查找和替换"对话框的"查找内容"文本框中,设置"[ae]ffect"的含义是(   )。

A) 查找"aeffect"字符串

B) 查找"[ae]ffect"字符串

C) 查找"affect"或"effect"的字符串

D) 查找除"affect"和"effect"以外的字符串

22. 在"学生"表中查找"学号"是"S00001"或"S00002"的记录,应在查询设计视图的"条件"行中输入(   )。

A) "S00001" And "S00002"   B) Not("S00001" And "S00002")

C) In("S00001","S00002")   D) Not In("S00001","S00002")

23. Access 表结构中,"字段"的要素包括(   )。

A) 字段名,数据类型,有效性规则   B) 字段名,有效性规则,索引

C) 字段名,字段大小,有效性规则   D) 字段名,数据类型,字段属性

24. 若查询的设计如图 11-2 所示,则查询的功能是(   )。

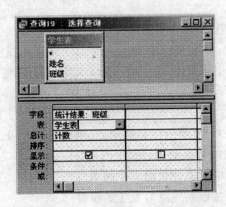

图 11-2　查询设计视图

A) 设计尚未完成,无法进行统计

B) 统计班级信息仅含 Null(空)值的记录个数

C) 统计班级信息不包括 Null(空)值的记录个数

D) 统计班级信息包括 Null(空)值全部记录个数

25. 利用对话框提示用户输入查询条件,这样的查询属于(   )。

A) 选择查询   B) 参数查询   C) 操作查询   D) SQL 查询

26. 从"图书"表中查找出"计算机"类定价最高的前两条记录,正确的 SQL 命令是(   )。

A) SELECT TOP 2 * FROM 图书 WHERE 类别="计算机" GROUP BY 定价

B) SELECT TOP 2 * FROM 图书 WHERE 类别="计算机" GROUP BY 定价 DESC

C) SELECT TOP 2 * FROM 图书 WHERE 类别="计算机" ORDER BY 定价

D) SELECT TOP 2 * FROM 图书 WHERE 类别="计算机" ORDER BY 定价 DESC

27. 若在窗体设计过程中,命令按钮 Command0 的事件属性设置如图 11-3 所示,则含义是(   )。

A) 只能为"进入"事件和"单击"事件编写事件过程

B) 不能为"进入"事件和"单击"事件编写事件过程

C) "进入"事件和"单击"事件执行的是同一事件过程

D) 已经为"进入"事件和"单击"事件编写了事件过程

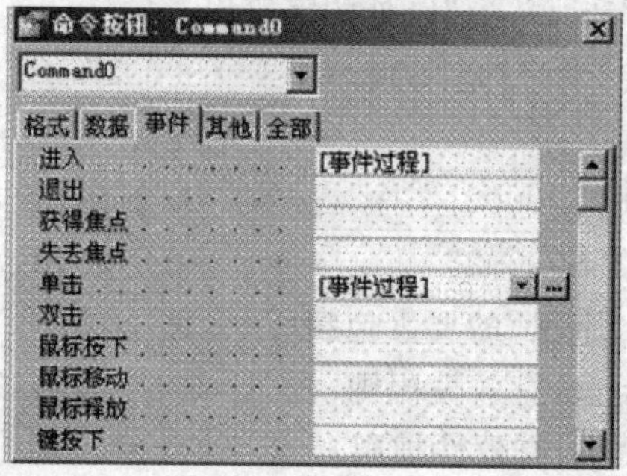

图 11-3　命令按钮 Command0 的事件属性设置

28. 在报表设计过程中,不适合添加的控件是(　　　)。

    A) 标签控件　　　　　B) 图形控件　　　　　C) 文本框控件　　　D) 选项组控件

29. 在宏的参数中,要引用窗体 F1 上的 Text1 文本框的值,应该使用的表达式是(　　　)。

    A)［Forms］!［F1］!［Text1］　　　　　　　B) Text1

    C)［F1］.［Text1］　　　　　　　　　　　　D)［Forms］_[F1]_[Text1]

30. 下列关于对象"更新前"事件的叙述中,正确的是(　　　)。

    A) 在控件或记录的数据变化后发生的事件

    B) 在控件或记录的数据变化前发生的事件

    C) 当窗体或控件接收到焦点时发生的事件

    D) 当窗体或控件失去了焦点时发生的事件

31. 在报表中要显示格式为"共 N 页,第 N 页"的页码,正确的页码格式设置是(　　　)。

    A) ＝ "共" ＋ Pages ＋ "页,第" ＋ Page ＋ "页"

    B) ＝ "共" ＋ [Pages] ＋ "页,第" ＋ [Page] ＋ "页"

    C) ＝ "共" & Pages & "页,第" & Page & "页"

    D) ＝ "共" & [Pages] & "页,第" & [Page] & "页"

32. 若在"销售总数"窗体中有"订货总数"文本框控件,能够正确引用控件值的是(　　　)。

    A) Forms.［销售总数］.［订货总数］

    B) Forms!［销售总数］.［订货总数］

    C) Forms.［销售总数］!［订货总数］

    D) Forms!［销售总数］!［订货总数］

33. 在报表中,要计算"数学"字段的最低分,应将控件的"控件来源"属性设置为(　　　)。

    A) ＝ Min(［数学］)　　　　　　　　　　　B) ＝ Min(数学)

    C) ＝ Min［数学］　　　　　　　　　　　　D) Min(数学)

34. 在代码中引用一个窗体控件时,应使用的控件属性是(　　　)。

    A) Caption　　　　　B) Name　　　　　C) Text　　　　　D) Index

35. 如果要在文本框中输入字符时达到密码显示效果,如星号(＊),应设置文本框的属性是(   )。

    A) Text   B) Caption   C) InputMask   D) PasswordChar

36. 要使打印的报表每页显示 3 列记录,在设置时应选择(   )。

    A) 工具箱   B) 页面设置   C) 属性表   D) 字段列表

37. 如果要显示的记录和字段较多,并且希望可以同时浏览多条记录及方便比较相同字段,则应创建的报表类型是(   )。

    A) 纵栏式   B) 标签式   C) 表格式   D) 图表式

38. 不能用来作为表或查询中"是/否"值输出的控件是(   )。

    A) 复选框   B) 切换按钮   C) 选项按钮   D) 命令按钮

39. 表达式"B = INT(A+0.5)"的功能是(   )。

    A) 将变量 A 保留小数点后 1 位   B) 将变量 A 四舍五入取整

    C) 将变量 A 保留小数点后 5 位   D) 舍去变量 A 的小数部分

40. 运行下列程序,结果是(   )。

```
Private Sub Command32_Click()
    f0 = 1 : f1 = 1 : k = 1
    Do While k <= 5
        f = f0 + f1
        f0 = f1
        f1 = f
        k = k + 1
    Loop
    MsgBox "f = " & f
End Sub
```

    A) f = 5   B) f = 7   C) f = 8   D) f = 13

41. 下列叙述中正确的是(   )。

    A) 栈是"先进先出"的线性表

    B) 队列是"先进后出"的线性表

    C) 循环队列是非线性结构

    D) 有序线性表既可以采用顺序存储结构,也可以采用链式存储结构

42. 某二叉树有 5 个度为 2 的结点,则该二叉树中的叶子结点数是(   )。

    A) 10   B) 8   C) 6   D) 4

43. 下列排序方法中,最坏情况下比较次数最少的是(   )。

    A) 冒泡排序   B) 简单选择排序   C) 直接插入排序   D) 堆排序

44. 耦合性和内聚性是对模块独立性度量的两个标准。下列叙述中正确的是(   )。

    A) 提高耦合性降低内聚性有利于提高模块的独立性

    B) 降低耦合性提高内聚性有利于提高模块的独立性

    C) 耦合性是指一个模块内部各个元素间彼此结合的紧密程度

    D) 内聚性是指模块间互相连接的紧密程度

45. 某二叉树共有 7 个结点,其中叶子结点只有 1 个,则该二叉树的深度为(假设根结点在第 1 层)(   )。

    A) 3   B) 4   C) 6   D) 7

46. 软件按功能可以分为应用软件、系统软件和支撑软件(或工具软件)。下面属于应用软件的是(   )。

    A) 学生成绩管理系统   B) C 语言编译程序
    C) UNIX 操作系统   D) 数据库管理系统

47. 软件生命周期中的活动不包括(   )。

    A) 市场调研   B) 需求分析   C) 软件测试   D) 软件维护

48. 程序调试的任务是(   )。

    A) 设计测试用例   B) 验证程序的正确性
    C) 发现程序中的错误   D) 诊断和改正程序中的错误

49. 下列关于数据库设计的叙述中,正确的是(   )。

    A) 在需求分析阶段建立数据字典   B) 在概念设计阶段建立数据字典
    C) 在逻辑设计阶段建立数据字典   D) 在物理设计阶段建立数据字典

50. 下面不属于软件需求分析阶段主要工作的是(   )。

    A) 需要变更申请   B) 需求分析   C) 需求评审   D) 需求获取

51. 下列叙述中正确的是(   )。

    A) 算法的效率只与问题的规模有关,而与数据的存储结构无关
    B) 算法的时间复杂度是指执行算法所需要的计算工作量
    C) 数据的逻辑结构与存储结构是一一对应的
    D) 算法的时间复杂度与空间复杂度一定相关

52. 设栈的顺序存储空间为 $S(1:50)$,初始状态为 top=0。现经过一系列入栈与退栈运算后,top=20,则当前栈中的元素个数为(   )。

    A) 30   B) 29   C) 20   D) 19

53. 有表示公司和职员及工作的三张表,职员可在多家公司兼职。其中公司 C(公司号,公司名,地址,注册资本,法人代表,员工数),职员 S(职员号,姓名,性别,年龄,学历),工作 W(公司号,职员号,工资),则表 W 的键(码)为(   )。

    A) 公司号,职员号   B) 职员号,工资
    C) 职员号   D) 公司号,职员号,工资

54. 软件设计中模块划分应遵循的准则是(   )。

    A) 低耦合低内聚   B) 高耦合高内聚
    C) 低耦合高内聚   D) 内聚与耦合无关

55. 如果要将 3KB 的纯文本块存入一个字段,应选用的字段类型是(   )。

    A) 文本   B) 备注   C) OLE 对象   D) 附件

56. 若"教师基本情况"表中职称为以下五种之一:教授、副教授、讲师、助教和其他,为提高数据输入效率,可以设置字段的属性是(   )。

    A) 显示控件   B) 有效性规则   C) 有效性文本   D) 默认值

57. 某体检记录中有日期/时间型数据"体检时间",若规定在体检 30 天后复检,建立生成表查询,如图 11-4 所示,生成"复检时间"预给出复检日期,正确的表达式是(　　)。

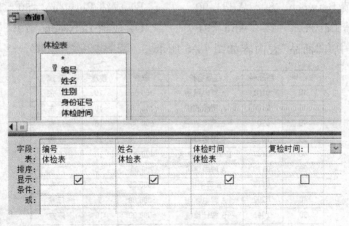

图 11-4　生成表查询

　　A) 复检时间:[体检日期]+30

　　B) 复检时间:体检日期+30

　　C) 复检时间:date()−[体检日期]=30

　　D) 复检时间:day(date())−([体检日期])=30

58. 在学生表中要查找所有年龄大于 30 岁的姓王的男同学,应该采用的关系运算是(　　)。

　　A) 选择　　　　　　B) 投影　　　　　　C) 联接　　　　　　D) 自然联接

59. Access 数据库对象中,实际存放数据的对象是(　　)。

　　A) 表　　　　　　B) 查询　　　　　　C) 报表　　　　　　D) 窗体

60. 在"查找和替换"对话框的"查找内容"文本框中,设置"2#1"的含义是(　　)。

　　A) 查找值为 21

　　B) 查找值为 2#1

　　C) 查找第一位为 2,第二位为任意字符,第三位为 1 的值

　　D) 查找第一位为 2,第二位为任意数字,第三位为 1 的值

61. 在 tStud 表中有一个"电话号码"字段,若要确保输入的电话号码格式为:×××−×××××××××,则应将该字段的"输入掩码"属性设置为(　　)。

　　A) 000-00000000　　　　　　　　B) 999−99999999

　　C) ###−#########　　　　　　D) ??? -????????

62. "学生表"中有"学号""姓名""性别"和"入学成绩"等字段。执行如下 SQL 命令后的结果是(　　)。

Select avg(入学成绩)　From 学生表 Group by 性别

　　A) 计算并显示所有学生的平均入学成绩

　　B) 计算并显示所有学生的性别和平均入学成绩

　　C) 按性别顺序计算并显示所有学生的平均入学成绩

D）按性别分组计算并显示不同性别学生的平均入学成绩

63. 在成绩中要查找 80≤成绩≤90 的学生，正确的条件表达式是（　　）。

A）成绩 Between 80 And 90　　　　B）成绩 Between 80 To 90

C）成绩 Between 79 And 91　　　　D）成绩 Between 79 To 91

64. 数据库中有"商品"表内容如图 11-5 所示：

部门号	商品号	商品名称	单价	数量	产地
40	0101	A 牌电风扇	200.00	10	广东
40	0104	A 牌微波炉	350.00	10	广东
40	0105	B 牌微波炉	600.00	10	广东
20	1032	C 牌传真机	1000.00	20	上海
40	0107	D 牌微波炉_A	420.00	10	北京
20	0110	A 牌电话机	200.00	50	广东
20	0112	B 牌手机	2000.00	12	广东
40	0202	A 牌电冰箱	3000.00	2	广东
30	1041	B 牌计算机	6000.00	10	广东
30	0204	C 牌计算机	10000.00	10	上海

图 11-5 "商品"表内容

执行 SQL 命令：

```
SELECT * FROM 商品 WHERE 单价 BETWEEN 3000 AND 10000;
```

查询结果的记录数是（　　）。

A）1　　　　　　B）2　　　　　　C）3　　　　　　D）10

65. 数据表视图可以用来显示记录。如果要求将某字段的显示位置固定在窗口左侧，则可以进行的操作是（　　）。

A）隐藏列　　　　B）排序　　　　C）冻结列　　　　D）筛选

66. 在已建"职工"表中有姓名、性别、出生日期等字段，查询并显示所有年龄在 50 岁以上职工的姓名、性别和年龄，正确的 SQL 命令是（　　）。

A）SELECT 姓名，性别，YEAR(DATE())－YEAR([出生日期]) AS 年龄 FROM 职工
　　WHERE YEAR(Date())－YEAR([出生日期])>50

B）SELECT 姓名，性别，YEAR(DATE())－YEAR([出生日期]) 年龄 FROM 职工
　　WHERE YEAR(Date())－YEAR([出生日期])>50

C）SELECT 姓名，性别，YEAR(DATE())－YEAR([出生日期]) AS 年龄 FROM 职工
　　WHERE 年龄>50

D）SELECT 姓名，性别，YEAR(DATE())－YEAR([出生日期]) 年龄 FROM 职工
　　WHERE 年龄>50

67. 发生在控件接收焦点之前的事件是（　　）。

A）Enter　　　　B）Exit　　　　C）GotFocus　　　　D）LostFocus

68. 下列关于报表的叙述中，正确的是（　　）。

A）报表只能输入数据　　　　　　B）报表只能输出数据

C）报表可以输入和输出数据　　　　D）报表不能输入和输出数据

69. 在学生表中用"照片"字段存放相片，当使用向导为该表创建窗体时，照片字段使用的默认控件是（　　）。

A) 图形   B) 图像   C) 绑定对象框   D) 未绑定对象框

70. 要实现报表按某字段分组统计输出,需要设置的是(   )。

A) 报表页脚   B) 该字段的组页脚

C) 主体   D) 页面页脚

71. 在 Access 中为窗体上的控件设置 Tab 键的顺序,应选择"属性"对话框的(   )。

A) "格式"选项卡   B) "数据"选项卡

C) "事件"选项卡   D) "其他"选项卡

72. 如图 11-6 所示的是报表设计视图,由此可判断该报表的分组字段是(   )。

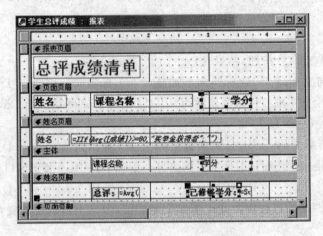

图 11-6 "学生总评成绩"报表设计视图

A) 课程名称   B) 学分   C) 成绩   D) 姓名

73. 窗体中有 3 个命令按钮,分别命名为 Command1、Command2 和 Command3。当单击 Command1 按钮时,Command2 按钮变为可用,Command3 按钮变为不可见。下列 Command1 的单击事件过程中,正确的是(   )。

A) Private Sub Command1_Click( )
       Command2.Visible = True
       Command3.Visible = False
   End Sub

B) Private Sub Command1_Click( )
       Command2.Enabled = True
       Command3.Enabled = False
   End Sub

C) Private Sub Command1_Click( )
       Command2.Enabled = True
       Command3.Visible = False
   End Sub

D) Private Sub Command1_Click( )
       Command2.Visible = True
       Command3.Enabled = False
   End Sub

74. 确定一个窗体大小的属性是（　　）。

    A）Width 和 Height   B）Width 和 Top

    C）Top 和 Left   D）Top 和 Height

75. 若要使某命令按钮获得控制焦点，可使用的方法是（　　）。

    A）LostFocus   B）SetFocus   C）Point   D）Value

76. 在窗口中有一个标签 Label0 和一个命令按钮 Command1，Command1 的事件代码如下：

```
Private Sub Command1_Click()
    Label0.Top = Label0.Top + 20
End Sub
```

打开窗口后，单击命令按钮，结果是（　　）。

    A）标签向上加高   B）标签向下加高   C）标签向上移动   D）标签向下移动

77. 报表的一个文本框控件来源属性为"IIf（（[Page] Mod2＝0），"页" & [Page]," "）"，下列说法中，正确的是（　　）。

    A）显示奇数页码   B）显示偶数页码   C）显示当前页码   D）显示全部页码

78. 窗口事件是指操作窗口时所引发的事件。下列事件中，不属于窗口事件的是（　　）。

    A）加载   B）打开   C）关闭   D）确定

79. 如果在被调用的过程中改变了形参变量的值，但又不影响实参变量本身，这种参数传递方式称为（　　）。

    A）按值传递   B）按地址传递   C）ByRef 传递   D）按形参传递

80. 窗体中有文本框 Text1。运行程序，输入大于 0 的整数 m，单击按钮 Command1，程序显示由星号组成的高度为 m 的等腰三角形。例如，当 m＝5 时，显示图形如下。

```
        *
      * * *
    * * * * *
  * * * * * * *
* * * * * * * * *
```

事件代码如下。

```
Private Sub Command1_Click()
    m = Val(Me!Text1)
    result = ""
    For k = 1 To m
        For n = 1 To k + m - 1
            If 【    】Then
                result = result & " "
            Else
                result = result & " * "
            End If
        Next n
        result = result + Chr(13)
    Next k
```

```
    MsgBox result, , "运行结果"
End Sub
```

程序【   】处应填写的语句是(   )。

A) n ＜ m － k ＋ 1

B) n ＜= m － k ＋ 1

C) n ＞ m － k ＋ 1

D) n ＞= m － k ＋ 1

第 12 章　操作题练习

一、操作题模拟练习 1

1. 基本操作题

在模拟 1 文件夹下,samp1.accdb 数据库文件中已建立好表对象 tStud 和 tScore、宏对象 mTest 和窗体 fTest。具体操作如下。

(1) 分析并设置表 tScore 的主键;冻结表 tStud 中的"姓名"字段列。

(2) 将表 tStud 中的"入校时间"字段的默认值设置为下一年度的 9 月 1 日。要求:本年度的年号必须用函数获取。

(3) 根据表 tStud 中的"所属院系"字段的值修改"学号","所属院系"为"01",将"学号"的第 1 位改为"1";"所属院系"为"02",将"学号"的第 1 位改为"2",依次类推。

(4) 在 tScore 表中增加一个字段,字段名为"总评成绩",字段值为:总评成绩＝平时成绩 * 40％＋考试成绩 * 60％,计算结果的"结果类型"为"整型","格式"为"标准","小数位数"为 0。

(5) 将窗体 fTest 的"标题"属性设置为"测试";将窗体中名为 bt2 的命令按钮宽度设置为 2cm,与 bt1 命令按钮左边对齐。

(6) 将宏 mTest 重命名,并保存为自动执行的宏。

2. 简单应用题

在模拟 1 文件夹下存在一个数据库文件 samp2.accdb,里面已经设计好 3 个关联表对象 tstud、tCourse、tScore 和一个空表 tTemp。试按以下要求完成设计。

(1) 创建一个查询,统计人数在 5 人以上(不含 5)的院系人数,字段显示标题为"院系号"和"人数",所建查询命名为 qT1。注意:要求按照学号来统计人数。

(2) 创建一个查询,查找非"04"院系的选课学生信息,输出其"姓名""课程名"和"成绩" 3 个字段内容,所建查询命名为 qT2。

(3) 创建一个查询,查找还没有选课的学生的姓名,所建查询命名为 qT3。

(4) 创建一个查询,将前 5 条记录的学生信息追加到表 tTemp 的对应字段中,所建查询命名为 qT4。

3. 综合应用题

在模拟 1 文件夹下存在一个数据库文件 samp3.accdb,里面已经设计了表对象 tEmp、查询对象 qEmp、窗体对象 fEmp、报表对象 rEmp 和宏对象 mEmp。试在此基础上按照以下要求补充设计。

(1) 消除报表的"性别"排序,重新按照职工姓氏进行排列,并在合适页脚区域添加一个文本框控件（命名为 tmAge），输出不同姓氏职工的最小年龄值。说明：这里不考虑复姓情况。

（2）将报表页面页脚区域内名为 tPage 的文本框控件设置为"页码/总页数"形式的页码显示（如 1/35、2/35……）。

（3）将 fEmp 窗体上名为 bTitle 的标签上移到距 btnP 命令按钮 0.5cm 的位置（即标签的下边界距命令按钮的上边界 0.5cm）。同时，将窗体按钮 btnP 的单击事件属性设置为宏 mEmp。

（4）在 fEmp 窗体的左侧有一个名称为 COMB01 的组合框和两个名称分别为 btitle1、btitle2 的标签。btitle1 标签用于显示组合框左侧的标题内，btitle2 标签用于显示计算的平均年龄。COMB01 组合框中列出性别值"男"和"女"，当在组合框中选择某一性别值后，计算该性别的平均年龄，并将计算的结果显示在 btitle2 标签中，显示内容及格式如图 12-1 所示。请按照 VBA 代码中的指示将代码补充完整。

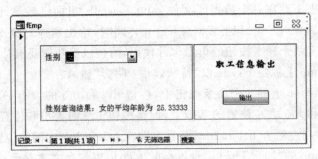

图 12-1　fEmp 窗体

注意：不允许修改数据库中的宏对象 mEmp，不允许修改窗体对象 fEmp 和报表对象 rEmp 中未涉及的控件和属性，不允许修改表对象 tEmp 和查询对象 qEmp 中未涉及的字段和属性。程序代码只允许在"***** Add *****"与"***** Add *****"之间的空行内补充一行语句、完成设计，不允许增删和修改其他位置已经存在的语句。

二、操作题模拟练习 2

1. 基本操作题

在模拟 2 文件夹下存在一个数据库文件 samp1.accdb，里面已经设计好表对象（名为"员工表"和"部门表"）。请按照以下要求，顺序完成表的各种操作。

（1）将"员工表"的行高设为 15。

（2）设置表对象"员工表"的年龄字段有效性规则为：大于 17 且小于 65（不含 17 和 65）；同时设置相应有效性文本为"请输入有效年龄"。

（3）在表对象"员工表"的年龄和职务两字段之间新增一个字段，字段名称为"密码"，数据类型为文本，字段大小为 6，同时，要求设置输入掩码使其以星号方式（密码）显示。

（4）冻结员工表中的姓名字段。

（5）将表对象"员工表"数据导出到模拟 2 文件夹下，以文本文件形式保存，命名为 Test.txt。要求第一行包含字段名称，各数据项间以分号分隔。

（6）建立表对象"员工表"和"部门表"的表间关系，实施参照完整性。

2. 简单应用题

在模拟 2 文件夹下存在一个数据库文件 samp2.accdb，里面已经设计好 3 个关联表对象 tStud、tCourse 和 tScore 及一个临时表对象 tTemp。请按以下要求完成设计：

(1) 创建一个查询，查找并显示入校时间非空的男同学的"学号""姓名"和"所属院系"3 个字段内容，将查询命名为 qT1。

(2) 创建一个查询，查找选课学生的"姓名"和"课程名"两个字段内容，将查询命名为 qT2。

(3) 创建一个交叉表查询，以学生性别为行标题，以所属院系为列标题，统计男女学生在各院系的平均年龄，所建查询命名为 qT3。

(4) 创建一个查询，将临时表对象 tTemp 中年龄为偶数的人员的"简历"字段清空，所建查询命名为 qT4。

3. 综合应用题

在模拟 2 文件夹下存在一个数据库文件 samp3.accdb，里面已经设计了表对象 tEmp、窗体对象 fEmp、宏对象 mEmp 和报表对象 rEmp。同时，给出窗体对象 fEmp 的"加载"事件和"预览"及"打印"两个命令按钮的单击事件代码，请按以下功能要求补充设计。

(1) 将窗体 fEmp 上标签 bTitle 以"特殊效果：阴影"显示。

(2) 已知窗体 fEmp 上的 3 个命令按钮中，按钮 bt1 和 bt3 的大小一致、且左对齐。现要求在不更改 bt1 和 bt3 大小位置的基础上，调整按钮 bt2 的大小和位置，使其大小与 bt1 和 bt3 相同，水平方向左对齐 bt1 和 bt3，竖直方向在 bt1 和 bt3 之间的位置。

(3) 在窗体 fEmp 的"加载"事件中设置标签 bTitle 以红色文本显示；单击"预览"按钮（名为 bt1）或"打印"按钮（名为 bt2），事件过程传递参数调用同一个用户自定义代码过程，实现报表预览或打印输出；单击"退出"按钮（名为 bt3），调用设计好的宏 mEmp，以关闭窗体。

(4) 将报表对象 rEmp 的记录源属性设置为表对象 tEmp。

注意：不要修改数据库中的表对象 tEmp 和宏对象 mEmp，不要修改窗体对象 fEmp 和报表对象 rEmp 中未涉及的控件和属性。程序代码只允许在"***** Add *****"与"***** Add *****"之间的空行内补充一行语句、完成设计，不允许增删和修改其他位置已经存在的语句。

三、操作题模拟练习 3

1. 基本操作题

在模拟 3 文件夹下，存在一个数据库文件 samp1.accdb，在数据库文件中已经建立了一个表对象 tSale 和一个窗体对象 fSale。试按以下操作要求，完成各种操作：

(1) 将 tSale 表中的 ID 字段的数据类型改为"文本"，字段大小改为 5；设置该字段的相应属性，使其在数据表视图中显示为"销售编号"。

(2) 设置 tSale 表"产品类别"字段值的输入方式为从下拉列表中选择"彩电"或"影碟机"选项值。

(3) 设置 tSale 表的相应属性，要求只允许在表中输入 2008 年（含）以后的产品相关信息；当输入的数据不符合要求时，显示"输入数据有误，请重新输入"信息。

（4）设置 tSale 表的显示格式,使表的背景颜色为"蓝色"、网格线为"白色"、文字字号为11、颜色为"白色"。

（5）将 tSale 表中数量超过 90（不包含 90）的所有"彩电"记录的日期、销售员、产品名称、单价和数量等信息导出到模拟 3 文件夹下,以 Text 文件形式保存,并命名为 tSale.txt。导出过程中要求第一行包含字段名称,其余部分默认处理。

（6）将窗体对象 fSale 的记录源设置为表对象 tSale;将窗体边框改为"细边框"样式,取消窗体中的水平和垂直滚动条、最大化和最小化按钮,取消窗体中的导航按钮。

2. 简单应用题

在模拟 3 文件夹下,存在一个数据库文件 samp2.accdb,里面已经设计好表对象 tCourse、tScore、tStud,试按以下要求完成设计:

（1）创建一个查询,统计人数在 15 人以上的班级人数,并输出"班级编号"和"班级人数"两列信息。所建查询命名为 qT1。要求:使用"姓名"字段统计人数。说明:"学号"字段的前 8 位为班级编号。

（2）创建一个查询,当运行该查询时,屏幕上显示提示信息:"请输入要比较的分数:",输入要比较的分数后,查找学生选课成绩的平均分大于输入值的学生信息,并输出"姓名"和"平均分"两列信息。所建查询命名为 qT2。

（3）创建一个查询,显示平均分最高的前 5 位学生的"姓名"信息。所建查询命名为 qT3。

（4）创建一查询,运行该查询后生成一个新表,表名为 tNew,表结构包括"姓名""性别""课程名"和"成绩"4 个字段,表内容为 90 分以上（包括 90 分）或不及格的学生记录。所建查询命名为 qT4。要求:创建此查询后,运行该查询,并查看运行结果。

3. 综合应用题

在模拟 3 文件夹下,存在一个数据库文件 samp3.accdb,里面已经设计好表对象 tStud、查询对象 qStud、窗体对象 fStud 和子窗体对象 fDetail,同时还设计出以 qStud 为数据源的报表对象 rStud。请在此基础上按照以下要求补充 fStud 窗体和 rStud 报表的设计:

（1）在报表的"报表页眉"节区添加一个标签控件,其名称为 bTitle,标题显示为"团员基本信息表";将名称为 tSex 的文本框控件的输出内容设置为"性别"字段值。在"报表页脚"节区添加一个计算控件,其名称为 tAvg,设置相关属性,输出学生的平均年龄。

（2）将 fStud 窗体对象"主体"节中控件的 Tab 键焦点移动顺序设置为:简单 CItem-> TxtDetail-> CmdRefer-> Cmdlist-> CmdClear-> fDetail ->"简单查询"。

（3）在窗体加载事件中,实现重置窗体标题为当前年月加标签 tTitle 的标题内容,如"2013 年 06 月 xxxx",其中,当前年月要求用函数获得,xxxx 部分是标签 tTitlc 的标题内容。

（4）试根据以下窗体功能要求,对已给的事件过程进行代码补充,并运行调试。在窗体中有一个组合框控件和一个文本框控件,名称分别为 CItem 和 TxtDetail;有 2 个标签控件,名称分别为 Label3 和 Ldetail;还有 3 个命令按钮,名称分别为 Cmdlist、CmdRefer 和 CmdClear。在 CItem 组合框中选择某一项目后,Ldetail 标签控件将显示出所选项目名加上"内容:"。在 TxtDetail 文本框中输入具体项目值后,单击 CmdRefer 命令按钮,如果 CItem 和 TxtDetail 两个控件中均有值,则在子窗体中显示找出的相应记录,如果两个控件中没有值，显示提示框，提示框标题为"注意"，提示文字为"查询项目或查询内容不能为空！！！"，提示框中只有一个"确定"按钮；单击 CmdList 命令按钮，在子窗体中显示 tStud 表中的全部记录；单击 CmdClear 命令按钮，将清空控件 CItem 和 TxtDetail 中的值。

注意：不允许修改窗体对象 fStud 和子窗体对象 fDetail 中未涉及的控件、属性和任何 VBA 代码，不允许修改报表对象 rStud 中已有的控件和属性，不允许修改表对象 tStud 和查询对象 qStud。只允许在" ***** Add ***** "和" ***** Add ***** "之间的空行内补充一条代码语句、完成设计，不允许增删和修改其他位置已经存在的语句。

四、操作题模拟练习 4

1. 基本操作题

在模拟 4 文件夹下，存在一个数据库文件 samp1. accdb、一个 Excel 文件 tScore. xlsx 和一个图像文件 photo. bmp。在数据库文件中已经建立了一个表对象 tStud。试按照以下操作要求，完成各种操作：

（1）将模拟 4 文件夹下的 tScore. xlsx 文件导入到 samp1. accdb 数据库文件中，表名不变；分析导入表的字段构成，判断并设置其主键。

（2）将 tScore 表中"成绩 ID"字段的数据类型改为"文本"，字段大小改为 5；设置该字段的相应属性，使其在数据表视图中显示的标题为"成绩编号"；修改"学号"字段的字段大小，使其与 tStud 表中相应字段的大小一致。

（3）将 tStud 表中"性别"字段的默认值属性设置为"男"；为"政治面目"字段创建查阅列表，列表中显示"党员""团员"和"其他"等三个值；将学号为"20061001"学生的"照片"字段值设置为模拟 4 文件夹下的 photo. bmp 图像文件（要求使用"由文件创建"方式）。

（4）设置 tStud 表中"入校时间"字段的格式属性为"长日期"、有效性规则属性为：输入的入校时间必须为 9 月，有效性文本属性为"输入的月份有误，请重新输入"。

（5）设置 tStud 表的显示格式，使表的背景颜色为"蓝色"、网格线为"白色"、文字字号为 11。

（6）建立 tStud 和 tScore 两表之间的关系。

2. 简单应用题

在模拟 4 文件夹下，有一个数据库文件 samp2. accdb，其中存在已经设计好的两个关联表对象 tEmp 和 tGrp 及表对象 tBmp 和 tTmp。请按以下要求完成设计：

（1）以表对象 tEmp 为数据源，创建一个查询，查找并显示年龄大于等于 40 的男职工的"编号""姓名""性别""年龄"和"职务"5 个字段内容，将查询命名为 qT1。

（2）以表对象 tEmp 和 tGrp 为数据源，创建一个查询，按照部门名称查找职工信息，显示职工的"编号""姓名"及"聘用时间"3 个字段的内容。要求显示参数提示信息为：请输入职工所属部门名称，将查询命名为 qT2。

（3）创建一个查询，将表 tBmp 中所有"编号"字段值前面增加"05"两个字符，将查询命名为 qT3。

（4）创建一个查询，要求给出提示信息"请输入需要删除的职工姓名"，从键盘输入姓名后，删除表对象 tTmp 中指定姓名的记录，将查询命名为 qT4。

3. 综合应用题

在模拟 4 文件夹下,有一个数据库文件 samp3.accdb,其中存在已经设计好的表对象 tEmp、窗体对象 fEmp、报表对象 rEmp 和宏对象 mEmp。请在此基础上按照以下要求补充设计:

(1) 设置表对象 tEmp 中的"姓名"字段为"必填字段",同时设置其为"有重复索引"。将模拟 4 文件夹下图像文件 zs.bmp 作为表对象 tEmp 中编号为"000002"、名为"张三"的女职工的照片数据。

(2) 将报表 rEmp 的"主体"节区内 tAge 文本框控件改名为 tYear,同时依据报表记录源的"年龄"字段值计算并显示出其 4 位的出生年信息。注意:当前年必须用相关函数返回。

(3) 设置 fEmp 窗体上名为 bTitle 的标签文本显示为阴影特殊效果。同时,将窗体按钮 btnp 的单击事件属性设置为宏 mEmp,以完成单击按钮打开报表的操作。

注意:不能修改数据库中的客观存在对象 mEmp,不能修改窗体对象 fEmp 和报表对象 rEmp 中未涉及的控件和属性,不能修改表对象 tEmp 中未涉及的字段和属性。

五、操作题模拟练习 5

1. 基本操作题

在模拟 5 文件夹下,存在一个数据库文件 samp1.accdb。在数据库文件中已经建立了两个表对象 tStock 和 tQuota。试按以下操作要求,完成各种操作:

(1) 分析 tStock 和 tQuota 两个表对象的字段构成,判断并设置两个表的主键。

(2) 在 tStock 表的"产品名称"和"规格"字段之间增加"单位"字段,该字段的数据类型为"文本",字段大小为 1;将新添加到 tStock 表中的记录的"单位"字段值自动设置为"只"。

(3) 设置 tStock 表的"规格"字段的输入掩码属性,输入掩码的格式为:"220V-W"。其中,"-"与"W"之间为两位,且只能输入 0~9 之间的数字。

(4) 设置 tQuota 表中"最高储备"字段的有效性规则和有效性文本,有效性规则是:输入的最高储备值应小于等于 60000;有效性文本内容为:"输入的数据有误,请重新输入"。

(5) 将 tQuota 表的单元格效果改为"凹陷",字体改为"黑体"。

(6) 建立 tQuota 表与 tStock 表之间的关系。

2. 简单应用题

在模拟 5 文件夹下,存在一个数据库文件 samp2.accdb,里面已经设计好表对象 tStock 和 tQuota,试按以下要求完成设计:

(1) 创建一个查询,在 tStock 表中查找"产品 ID"第一个字符为"2"的产品,并显示"产品名称""库存数量""最高储备"和"最低储备"等字段内容,查询名为 qT1。

(2) 创建一个查询,计算每类产品库存金额合计,并显示"产品名称"和"库存金额"两列数据,要求只显示"库存金额"的整数部分。所建查询名为 qT2。说明:库存金额＝单价×库存数量。

(3) 创建一个查询,查找单价低于平均单价的产品,并按"产品名称"升序和"单价"降序显示"产品名称""规格""单价"和"库存数量"等字段内容。所建查询名为 qT3。

(4) 创建一个查询,运行该查询后可将 tStock 表中所有记录的"单位"字段值设为"只"。

所建查询名为 qT4。要求创建此查询后，运行该查询，并查看运行结果。

3. 综合应用题

在模拟 5 文件夹下，存在一个数据库文件 samp3.accdb，里面已经设计好表对象 tUser，同时还设计出窗体对象 fEdit 和 fUser。请在此基础上按照以下要求补充 fEdit 窗体的设计：

（1）将窗体中名称为 IRemark 的标签控件上的文字颜色改为"棕色"（棕色代码为 128）、字体粗细改为"加粗"。

（2）将窗体边框改为"对话框边框"样式，取消窗体中的水平和垂直滚动条、记录选择器、导航按钮和分割线；将窗体标题设置为"修改用户口令"。

（3）将窗体中名称为 tPass 和 tEnter 文本框中的内容以密码方式显示。

（4）按如下控件顺序设置 Tab 键顺序：CmdEdit-> tUser_1-> tRemark_1-> tPass-> tEnter-> CmdSave-> cmdquit->窗体右侧列表（标题是修改系统用户）。

（5）按照以下窗体功能，补充事件代码设计。窗体运行后，在窗体右侧显示可以修改的用户名、密码等内容的列表，同时在窗体左侧显示列表中所指用户的信息。另外，在窗体中还有"修改""保存"和"退出"3 个命令按钮，名称分别为 CmdEdit、CmdSave 和 cmdquit。当单击"修改"按钮后，在窗体左侧显示出该窗体右侧光标所指用户的口令信息，同时"保存"按钮变为可用；在"口令"和"确认口令"文本框中输入口令信息后，单击"保存"按钮，若在两个文本框中输入的信息相同，则保存修改后的信息，并先将"保存"命令按钮变为不可用，再将除用户名外的其他文本框控件和标签控件全部隐藏，最后将用户名以只读方式显示；若在两个文本框中输入的信息不同，则显示提示框，显示内容为"请重新输入口令！"，提示框中只有一个"确定"按钮。单击窗体上的"退出"按钮，关闭当前窗体。

注意：不允许修改窗体对象 fEdit 和 fUser 中未涉及的控件、属性和任何 VBA 代码，不允许修改表对象 tUser。只允许在"＊＊＊＊＊Add＊＊＊＊＊"和"＊＊＊＊＊Add＊＊＊＊＊"之间的空行内补充一条语句，不允许增删和修改其他位置已经存在的语句。

第4部分　答案

第 13 章 Access 二级考试专项练习选择题答案

1. B   2. C   3. D   4. C   5. B   6. A   7. D   8. B   9. C
10. A   11. B   12. A   13. B   14. C   15. D   16. D   17. C   18. D
19. D   20. C   21. C   22. C   23. D   24. C   25. B   26. D   27. D
28. D   29. A   30. B   31. D   32. D   33. A   34. B   35. C   36. B
37. C   38. D   39. B   40. D   41. D   42. C   43. D   44. B   45. D
46. A   47. A   48. D   49. A   50. A   51. B   52. C   53. A   54. C
55. B   56. A   57. A   58. A   59. A   60. D   61. A   62. D   63. A
64. C   65. C   66. A   67. A   68. B   69. C   70. B   71. D   72. D
73. C   74. A   75. B   76. D   77. B   78. D   79. A   80. A

第14章

主教材课后习题答案

第 1 章

一、选择题

1．C　　2．B　　3．D　　　4．D　　5．C　　6．D　　7．A　　8．A

9．D　　10．D　　11．A,C　12．B　　13．B　　14．B

二、填空题

1．事物之间的联系　　2．一对一、一对多、多对多　　　3．外键

4．投影　　　　　5．.accdb

第 2 章

一、选择题

1．A　　2．D　　3．A　　4．B　　5．A　　6．D　　7．D　　8．C

9．D　　10．D

二、填空题

1．对象　数据源　　2．设计视图　数据表视图　数据透视表视图

3．关系　　　　4．#　　5．主键　主键

第 3 章

一、选择题

1．D　　2．D　　3．C　　4．B　　5．A　　6．A　　7．B　　8．A

9．A　　10．D　　11．B　12．C　　13．D　　14．B　　15．A　　16．D

17．C　　18．D　　19．C　　20．D

二、填空题

1．like"＊Smith＃＃＊"　　　　2．删除　更新　追加　　　3．设计网格

4．设计视图　　　　　　　5．空白查询窗口　查询条件

6．简单交叉表查询向导　设计视图　7．关系运算符　逻辑运算符　特殊运算符

8．输入参数　　　　　　　9．#　　　　　　　　　10．与　或

第 4 章

一、选择题

1．D　　2．A　　3．C　　4．D　　5．B　　6．B　　7．A　　8．A

9. D　　10. B　　11. D　　12. D　　13. C　　14. B　　15. C　　16. B

17. B　　18. A　　19. D　　20. B

二、填空题

1. 数据操作窗体　控制窗体　信息显示窗体　交互信息窗体

2. 编辑　显示　　　　3. 字段名　　　　　　4. 记录选择器

5. 选择值　输入新值　6. 一个表或一个查询

7. 表达式　新字段　　8. 输入掩码　　　　　9. 格式

10. 自动套用格式

第 5 章

一、选择题

1. B　　2. A　　3. A　　4. C　　5. A　　6. B　　7. C　　8. A

9. A　　10. A　　11. C　　12. B　　13. D　　14. D　　15. A

二、填空题

1. 主体节　页面页眉　页面页脚　　　2. 相同　　　3. 分页符

4. 执行宏命令 OpenReport　　　　　5. 等号　　　6. 4 个

第 6 章

一、选择题

1. A　　2. B　　3. C　　4. D　　5. C

二、填空题

1. 操作　　2. 宏组名.宏名　　3. OpenTable　OpenForm　　4. 排列次序

第 7 章

一、选择题

1. C　　2. A　　3. C　　4. B　　5. C

二、填空题

1. Now　　2. −1　0　　3. ECA　　4. I>=6　　5. 30　10

第 8 章

一、选择题

1. C　　2. D

二、填空题

1. DAO　ADO　　2. DBEngine　　3. Connection　Recordset　Command

第 9 章

一、选择题

1. B　　2. A　　3. C

二、填空题

1. 复制　指定位置　　2. 加密　压缩和恢复　独占

3. 数据库文件　对数据库系统进行编译　自动删除所有可编辑的 VBA 代码并压缩数据库系统　数据库系统

三、简答题

1. 解：Access 数据库运行一段时间后会逐渐膨胀，在一定程度上降低程序执行的速度，压缩数据库将使数据在使用过程中产生的碎片得到整理。

有两种途径对数据库进行压缩：自动压缩方式和手动压缩方式。

2. 解：加密技术，设置用户级，信任中心，不启用数据内容时也能查看数据的功能，更少的警告信息，新增了一个在禁用数据库时运行的宏操作子类。

图书资源支持

感谢您一直以来对清华版图书的支持和爱护。为了配合本书的使用，本书提供配套的资源，有需求的读者请扫描下方的"书圈"微信公众号二维码，在图书专区下载，也可以拨打电话或发送电子邮件咨询。

如果您在使用本书的过程中遇到了什么问题，或者有相关图书出版计划，也请您发邮件告诉我们，以便我们更好地为您服务。

我们的联系方式：

地　　址：北京海淀区双清路学研大厦 A 座 707

邮　　编：100084

电　　话：010－62770175－4604

资源下载：http://www.tup.com.cn

电子邮件：weijj@tup.tsinghua.edu.cn

QQ：883604(请写明您的单位和姓名)

用微信扫一扫右边的二维码，即可关注清华大学出版社公众号"书圈"。

资源下载、样书申请

书圈